高等学校新工科公共课系列教材

《C语言程序设计》 习题与实验指导

主 编 梁 伟 彭 理 陈少淼

副主编 向德生 朱建军 余庆春

参 编 陈林书 陈宇翔 何大成

西安电子科技大学出版社

内 容 简 介

　　本书是主教材《C 语言程序设计》(梁伟等编写，西安电子科技大学出版社)配套的学习指导书，在理论、操作和编程实践等方面对主教材进行了补充和拓展。全书共 12 章，各章均包含习题答案与解析以及上机实验指导。此外，附录 1 给出了 4 套计算机等级考试二级 C 语言程序设计模拟试题及参考答案，可帮助读者了解计算机等级考试二级 C 语言的相关内容。通过对本书的学习，读者可进一步理解和掌握 C 语言的相关概念和编程技能，提升自身的编程应用能力。

　　本书可作为高等院校本科生学习"C 语言程序设计"的指导书，也可作为 C 语言自学者及准备参加 C 语言全国计算机等级考试的考生的参考资料。

图书在版编目（CIP）数据

《C 语言程序设计》习题与实验指导 / 梁伟，彭理，陈少淼主编.
西安：西安电子科技大学出版社，2024. 9 (2024. 12 重印). -- ISBN
978-7-5606-7403-2

Ⅰ. TP312.8
中国国家版本馆 CIP 数据核字第 2024VV2489 号

策　　　划　杨丕勇
责任编辑　汪　飞
出版发行　西安电子科技大学出版社（西安市太白南路 2 号）
电　　话　（029）88202421　88201467　　邮　　编　710071
网　　址　www.xduph.com　　　　　　电子邮箱　xdupfxb001@163.com
经　　销　新华书店
印刷单位　陕西天意印务有限责任公司
版　　次　2024 年 9 月第 1 版　2024 年 12 月第 2 次印刷
开　　本　787 毫米×1092 毫米　1/16　印 张　17.5
字　　数　412 千字
定　　价　45.00 元

ISBN 978-7-5606-7403-2

XDUP 7704001-2

*** 如有印装问题可调换 ***

前　言

PREFACE

　　"C 语言程序设计"是高等学校计算机类专业的基础课程。通过对该课程的学习，读者不仅能掌握 C 语言的基础知识，而且能在实践中编写程序以求解实际问题。为进一步帮助读者理解和掌握 C 语言的相关知识，提升编程技能，编者结合多年的一线教学经验编写了本书。

　　本书依据主教材各章内容对应安排了习题答案与解析以及上机实验指导。其中，习题答案与解析部分对主教材的各章习题进行了深度剖析，有助于读者掌握习题的分析与处理方法；上机实验指导部分给出了丰富的实验范例，这些范例涵盖多个应用领域，包括网络编程和数据结构的应用等，具有广泛的适用性，有助于读者深入理解相关程序的原理与核心逻辑，从而运用编程知识和技能解决实际问题。

　　本书编者均为多年从事计算机教育教学工作的一线骨干教师，其教学经验丰富。本书由梁伟主持编写和统稿。具体编写分工如下：彭理编写第 1、2、3 章，梁伟编写第 4、6、7 章，向德生编写第 5 章，朱建军编写第 8 章，余庆春编写第 9 章，陈少淼编写第 10、11、12 章，陈林书、陈宇翔和何大成参与了本书的校稿和代码编写等工作。

　　本书的编写和出版得到了林艳柔、孙少杰、张申奥成、莫蓓蕾、梅本霞、白奥等人的大力支持与帮助，以及全国高等院校计算机基础教育研究会计算机课程教材与资源建设专项项目(XGJJ-TD2022101)、湖南省普通高等学校教学改革研究项目(HNJG-2022-0786，HNJG-2022-0792)、湖南省普通高校省级一流本科课程"C 语言程序设计"的支持，在此一并表示感谢。

　　由于编者水平有限，书中难免存在不妥之处，恳请业界同仁和广大读者批评指正。

编　者

2024 年 6 月

目 录

CONTENTS

第1章　概　　述

1.1　习题答案与解析

一、选择题

1. 一个完整的可运行的 C 语言源程序中(　　)。
   - A. 可以有一个或多个主函数
   - B. 必须有且仅有一个主函数
   - C. 可以没有主函数
   - D. 必须有主函数和其他函数

【答案】　B。

【解析】　在 C 语言中，一个完整的可运行的源程序必须包含一个主函数。主函数有且仅有一个。主函数是程序执行的入口点和起点。C 语言程序从主函数开始执行，并按顺序执行主函数中的语句。

2. 构成 C 语言源程序的基本单位是(　　)。
   - A. 子程序　　　　　B. 过程　　　　C. 文本　　　　D. 函数

【答案】　D。

【解析】　构成 C 语言源程序的基本单位是函数。C 语言程序是由一个或多个函数组成的，而不是由子程序、过程或者文本构成的。函数是 C 语言中完成特定任务的代码块，它可以包含变量声明、语句、控制结构等。函数在程序中起模块化和复用代码的作用。

3. 下述源程序的书写格式不符合编程规范的是(　　)。
   - A. 一条语句写在一行上
   - B. 一行上写多条语句
   - C. 语句保持良好的缩进习惯
   - D. 采用统一的命名规范

【答案】　B。

【解析】　在大多数编程语言中，一行上应该只包含一条语句。虽然有些编程语言允许在一行上写多条语句，但是这种写法会降低程序的可读性，并且容易引起错误。按照编程规范，一般建议一行上只写一条语句，以保持代码清晰、易读。

4. 下列叙述不正确的是(　　)。
   - A. 程序设计语言大致可分为机器语言、汇编语言和高级语言三大类
   - B. C 语言是一种通用的、过程式的语言，具有高效、灵活、可移植等特点

C. C 语言属于汇编语言

D. 高级语言比汇编语言更贴近于人类使用的语言，易于理解、记忆和使用

【答案】 C。

【解析】 C 语言不属于汇编语言，而是一种高级语言。程序设计语言可以大致分为机器语言、汇编语言和高级语言三大类。机器语言是计算机可以直接理解和执行的二进制指令。汇编语言是使用助记符表示的低级语言，每个汇编指令对应机器语言中的一条指令。而高级语言使用更接近自然语言的表示方式，提供了更高层次的抽象表述，使程序的编写更易于理解、记忆和使用。

5. 某 C 程序由一个主函数 main()和一个自定义函数 max()组成，则该程序(   )。

A. 总是从 max()函数开始执行

B. 写在前面的函数先开始执行

C. 写在后面的函数先开始执行

D. 总是从 main()函数开始执行

【答案】 D。

【解析】 在 C 语言中，程序总是从主函数 main()开始执行。main()函数是 C 程序的入口点，因此无论自定义的函数 max()在 main()的前面还是后面，程序都会首先执行 main()函数。

6. C 语言规定，一个源程序的主函数名必须为(   )。

A. program   B. include   C. main   D. function

【答案】 C。

【解析】 在 C 语言中，main()函数是程序的入口点，程序会从 main()函数开始执行。C 语言规定主函数必须使用 main 作为函数名。

7. 下列说法正确的是(   )。

A. 在书写 C 语言源程序时，每个语句以逗号结束

B. 注释时，"/"和"*"号间可以有空格

C. 无论注释内容多少，当对程序编译时都被忽略

D. C 程序每行只能写一个语句

【答案】 C。

【解析】 在书写 C 语言源程序时，每个语句以分号结束，故 A 选项错误；注释时，"/"和"*"号间不可以有空格，故 B 选项错误；C 程序每行可以写多个语句，故 D 选项错误；无论注释内容多少，当对程序编译时都被忽略。

8. 关于#include<stdio.h>命令，以下叙述错误的是(   )。

A. "#"是预处理标志，用于对文本进行预处理操作

B. include 是预处理命令

C. stdio.h 是标准的输入/输出头文件

D. 一对尖括号可以省略

【答案】 D。

【解析】 关于#include<stdio.h>命令，尖括号"< >"和双引号""""的使用是有区别的。当包含标准库头文件时，应使用尖括号，而当包含用户自定义的头文件时，应使用双

引号。但尖括号不能省略，因为它指示编译器在系统标准路径中查找头文件。

9. C 语言源程序文件的后缀是(　　)，经过编译后，生成文件的后缀是(　　)，对应的工程或解决方案经过组建后，生成文件的后缀是(　　)。

  A. .obj   B. .exe   C. .c   D. .doc

【答案】 C、A、B。

【解析】 C 语言源程序文件的后缀是.c。经过编译后，生成文件的后缀是.obj。对应的工程或解决方案经过组建后，生成文件的后缀是.exe。

10. Visual C++ 2010 Express 的编辑窗口的主要功能是(　　)，输出窗口的主要功能是(　　)，调试(Debug)器的主要功能是(　　)。

  A. 建立并修改程序

  B. 将 C 源程序编译成目标程序

  C. 跟踪分析程序的执行

  D. 显示编译结果信息(如语法错误等)

【答案】 A、D、C。

【解析】 编辑窗口的主要功能是建立并修改程序，输出窗口的主要功能是显示编译结果信息(如语法错误等)，调试(Debug)器的主要功能是跟踪分析程序的执行。

11. 在 Visual C++ 2010 Express 开发环境下，每个工程可包括(　　)C/CPP 源文件，但只能有(　　)主函数。

  A. 1 个   B. 2 个   C. 3 个   D. 1 个以上(含 1 个)

【答案】 D、A。

【解析】 在 Visual C++ 2010 Express 开发环境下，每个工程可以包括 1 个以上(含 1个) C/CPP 源文件，但只有 1 个 main()函数。

12. 调试程序时，如果某个语句后少了一个分号，调试时会提示错误，这种错误称为(　　)。而某个"计算 2 的平方"的程序在调试时没有提示出错，而且成功执行并计算出了结果，只是结果等于 5，这种错误称为(　　)。

  A. 语法错误   B. 正常情况

  C. 编译器出错   D. 逻辑设计错误

【答案】 A、D。

【解析】 调试程序时，如果某个语句后少了一个分号，调试时会提示错误，这种错误称为语法错误。而某个"计算 2 的平方"的程序在调试时没有提示出错，而且成功执行并计算出了结果，只是结果等于 5，这种错误称为逻辑设计错误。

二、简答题

1. 如何使用注释语句?使用注释有何好处?

【答】 注释语句在 C 语言中用于向程序中添加注释，以解释代码的功能、目的或其他相关信息。注释可采用行注释方法，以双斜杠(//)开始，后跟注释内容。注释也可采用块注释方法，块注释书写方法为/*注释内容*/。注释的好处包括：

(1) 提高代码的可读性和可维护性。通过注释，其他人或自己以后阅读代码时能够更好地理解代码的意图。

(2) 便于团队协作。注释可以帮助团队成员理解代码，减少沟通成本。

(3) 说明代码功能。注释可以解释代码中的算法、逻辑或特定实现细节。

2. 简述 C 语言的主要特点。

【答】　C 语言的主要特点包括：

(1) C 语言是结构化语言。C 语言具备顺序、分支和循环结构，使得程序易于理解和编写。

(2) C 语言具有高效性。C 语言可以直接操作内存，提供了底层的指针操作，使得程序具备高度的灵活性。

(3) C 语言具有可移植性。C 语言的标准库和语法相对稳定，在不同平台上的 C 程序可以进行移植。

(4) C 语言支持中级语言。C 语言既支持高级语言的特性，如函数、结构类型等，也支持底层的指针操作，可用于系统级编程。

(5) C 语言拥有大量的库。C 语言拥有丰富的开源库和第三方库，便于程序员进行各种开发。

3. C 程序对书写格式有何要求?规定书写格式有何好处?

【答】　C 程序对书写格式有一定的要求，常见的要求包括：

(1) 使用有意义的标识符。变量、函数和其他标识符的名称需要具有描述性，方便他人理解代码。

(2) 使用缩进。通过正确的缩进，使代码具有层次感，提高可读性。

(3) 使用空格。在操作符和运算符周围使用空格，可以提高代码的可读性并减少歧义。

(4) 使用适当的注释。通过注释可解释代码的功能、目的和实现细节。

(5) 保持一致性。在整个代码中应使用一致的命名规范、缩进和格式化风格。

规定书写格式的好处包括：

(1) 提高代码的可读性。良好的书写格式可使代码更易于阅读和理解，减少错误，降低调试难度。

(2) 便于维护和修改。规范的书写格式可使代码更易于维护和修改，他人能够更轻松地理解和修改代码。

(3) 促进团队协作。统一的书写格式有助于团队成员之间的协作，减少争议和误解。

4. 简述 C 语言从.c 源程序文件到.exe 可执行程序文件的生成过程。

【答】　C 语言从.c 源程序文件到.exe 可执行程序文件的生成过程通常包括以下步骤：

(1) 编写源代码。使用文本编辑器或集成开发环境(IDE)编写 C 语言源代码，并将其保存为.c 文件。

(2) 编译源代码。使用 C 编译器将.c 源程序文件编译为目标程序文件(.obj 文件)，即将源代码翻译成机器可执行的中间代码。

(3) 链接目标程序文件。将生成的目标程序文件与所需的库文件进行链接，形成最终的可执行程序文件。这个过程将解析函数引用、解析外部符号以及生成可执行代码。

(4) 生成可执行程序文件。将链接得到的文件生成可执行的二进制文件，通常以.exe 为后缀。这个文件可以在操作系统上运行，并执行 C 程序的功能。

1.2　上机实验指导

一、实验目的

(1) 学会用 Visual C++ 2010 Express 来编写、编译、运行一个简单的 C 语言程序，为学习复杂 C 语言程序的编写、调试和运行打好基础。

(2) 通过运行简单的 C 语言程序，初步了解 C 程序的特点以及在 Visual C++ 2010 Express 环境下的调试方法。

二、实验范例

编写一程序，在 Visual C++ 2010 Express 环境下输出"This is my first C program!"。
程序如下：

```
/*syfl1_1.c*/
#include<stdio.h>                /*预处理命令：包含标准输入/输出库函数的头文件 stdio.h*/
int main(void)                   /*主函数*/
{
    printf("This is my first C program!\n");   /*输出字符串*/
    return 0;                    /*主函数的返回值，返回 0 表示程序正常退出*/
}
```

三、实验任务

按照下面的步骤，熟悉 Visual C++ 2010 Express 上机操作过程，完成上述范例(syfl1_1.c)的上机调试。

(1) 启动 Visual C++ 2010 Express。单击"File"(文件)菜单，选择"New"(新建)菜单项，此时系统将弹出"New"(新建)对话框。

(2) 选择"New"(新建)对话框中的"Projects"(工程)选项卡选中"Win32 Console Application"项，在"Project name"(工程名)文本框中输入欲建工程名称"SYFL"；然后在"Location"(位置)文本框中输入欲保存该工程的路径；最后在"Solution name"文本框中设置解决方案(Solution)名称"SY"。

(3) 单击"OK"(确定)按钮，系统将弹出一个对话框让用户选择建立何种工程。这里选中"Empty project"项后单击"Finish"按钮。

(4) 向工程中添加源文件并编辑保存源文件。在解决方案浏览器(Solution Explorer)中，单击工程名右键菜单中的子菜单项"Add"→"New Item..."。设置文件类型为"C++ File"，文件名(Name)定义为 syfl1_1.c，文件位置(Location)默认为工程所在位置。设置好后，单击"Add"将出现空白程序编辑窗口。按上述范例在编辑窗口中输入程序代码，完成后保存源文件。

(5) 编译、链接(即组建)工程或解决方案。单击"Build"菜单，选择 Build Solution 或 Build(后接工程名)菜单项，生成.exe 可执行文件。若存在编译错误，则需要修改以后重新编译、链接，直至没有错误为止。

(6) 运行项目程序。单击"Debug"菜单，选择"Start Without Debugging"菜单项，或使用快捷键 Ctrl+F5，运行生成的.exe 文件。

(7) 写出实验报告。实验报告要求如下:

① 记录简单的 C 程序在上机调试运行时出现的各种问题及其解决方法。

② 简明扼要地写出调试运行一个 C 程序的完整步骤。

③ 总结本次实验的经验与教训。

第2章 数据类型、运算符和表达式

2.1 习题答案与解析

一、选择题

1. C 语言中最基本的非空数据类型包括(　　)。
   A. 整型、浮点型、空类型
   B. 整型、字符型、空类型
   C. 整型、单精度浮点型、字符型
   D. 整型、单精度浮点型、双精度浮点型、字符型

   【答案】 D。

   【解析】 本题考查 C 语言数据类型的概念。C 语言的非空基本类型为整型、单精度浮点型、双精度浮点型和字符型。

2. C 语言中运算对象必须是整型的运算符是(　　)。
   A. %　　　　　　　B. /　　　　　　　C. =　　　　　　　D. <=

   【答案】 A。

   【解析】 本题考查运算符的运用。本题首先排除 B 选项，"/"是除法运算，两边如果都是整数，则属于整除运算，但运算对象也可以不是整数。只有"%"是取余运算，两边必须为整数。

3. 若已定义 x 和 y 为 int 类型，则执行了语句"x=1;y=x+3/2;"后 y 的值是(　　)。
   A. 1　　　　　　　B. 2　　　　　　　C. 2.0　　　　　　　D. 2.5

   【答案】 B。

   【解析】 注意 x 和 y 都为整型，则 3/2 属于整除运算，3/2 的结果是 1，所以最终 y 的结果是 2。

4. 以下 C 语言表达式中值不等于 1 的是(　　)。
   A. 128/100　　　　B. 41%10　　　　C. 73%8　　　　D. 169%13

   【答案】 D。

   【解析】 本题考查运算符的运用。"/"是除法运算，两边如果都是整数，则属于整除运算，所以 A 选项的结果是 1。"%"是取余运算，所以只有 D 选项结果为 0。

5. 运行以下程序段后，c 中的值是(　　　)。

```
int a=1,b=2,c;
c=1.0/b*a;
```

    A. 0　　　　　　　　　B. 0.5　　　　　　　C. 1　　　　　　　D. 2

【答案】　A。

【解析】　如果赋值运算符两侧的类型不一致，在赋值时会自动进行类型转换。如将实型数据赋给整型变量时，会舍弃实数的小数部分。

6. 能正确表示逻辑关系"a≥10 或 a≤0"的 C 语言表达式是(　　　)。

    A. a>=10 or a<=0　　　　　　B. a>=0|a<=10

    C. a>=10 && a<=0　　　　　　D. a>=10||a<=0

【答案】　D。

【解析】　反映"或"关系的运算符是"||"。

7. 下列字符序列中，不可用作 C 语言标识符的是(　　　)。

    A. xky327　　　　　B. No.1　　　　　C. _ok　　　　　D. zwd

【答案】　B。

【解析】标识符的命名规则是以下画线或字母开头。标识符由字母、数字或下画线组成。

8. 在 printf()函数中，反斜杠字符'\'表示为(　　　)。

    A. '\'　　　　　　　　　　B. \0　　　　　　　C. \n　　　　　　　D. \\

【答案】　D。

【解析】　该字符属于转义字符。

9. 设先有定义：

```
int a=10;
```

则表达式 a+=a*=a 的值为(　　　)。

    A. 10　　　　　　　B. 100　　　　　　C. 1000　　　　　D. 200

【答案】　D。

【解析】　a+=a*=a 自右向左进行运算，所以计算过程为 a*=a 得到 a=100，然后得到 a=200。

10. 设先有定义：

```
int a=10;
```

则表达式(++a)+(a--)的值为(　　　)。

    A. 20　　　　　　　B. 21　　　　　　　C. 22　　　　　　　D. 19

【答案】　C。

【解析】　本题考查自增和自减运算符的使用，++a 的自增是在整个表达式求解一开始时最先进行的，而 a--的自减是在整个表达式求解完成才进行的。按照这个思路，我们可以把该表达式分解成 3 个表达式：先执行++a，a 的值自增为 11；再执行 a+a，得表达式的值为 11 + 11 = 22；最后执行 a--。

11. 有如下程序：

```
#include<stdio.h>
int main()
```

```
        {
            int y=3,x=3,z=1;
            printf("%d%d\n",(++x,y++),z+2);
            return 0;
        }
```

运行该程序的输出结果是(　　)。

　　A. 3　4　　　　　　B. 4　2　　　　　　C. 4　3　　　　　　D. 3　3

【答案】　D。

【解析】　本题考查对逗号表达式的掌握。本题中表达式(++x，y++)的值实际上就是 y 的值。

12. 有如下程序：

```
#include<stdio.h>
int main()
{
    int y=2,x=3;
    x=(sizeof(x)>y)?x:y;
    printf("%d\n",x);
    return 0;
}
```

运行该程序的输出结果是(　　)。

　　A. 0　　　　　　　B. 1　　　　　　　C. 2　　　　　　　D. 3

【答案】　D。

【解析】　本题考查 sizeof 运算符和"?:"的综合应用，sizeof(x)表示计算 x 所占字节数，此处为 4，而 4>y，故表达式最终结果取 x 的值。

13. 假定 x、y、z、m 均为 int 型变量，且有如下程序段：

```
x=2;y=3;z=1;
m=(y<x)?y:x;
m=(z<y)?m:y;
```

则该程序运行后 m 的值是(　　)。

　　A. 4　　　　　　　B. 3　　　　　　　C. 2　　　　　　　D. 1

【答案】　C。

【解析】　本题考查对运算符"?:"的掌握，其格式为"表达式1?表达式2:表达式3"，若表达式 1 为真，则取表达式 2 的结果；若表达式 1 为假，则取表达式 3 的结果。

14. 以下选项中合法的字符常量是(　　)。

　　A. "B"　　　　　　B. '\010'　　　　　　C. 68　　　　　　　D. D

【答案】　B。

【解析】　A 中界限符不对，用双引号括起来的是字符串。C 和 D 中不是由单引号括起来的字符常量。B 中是一个转义字符。

15. 设 x=3，y=4，z=5，则((x+y)>z)&&(y==z)&&x||y+z&&y+z 的值为(　　)。

A. 0   B. 1   C. 2   D. 3

【答案】 B。

【解析】 本题考查逻辑运算符的使用及运算符间的优先关系。题中表达式相当于 $((x+y)>z)\&\&(y==z)\&\&x||(y+z)\&\&(y+z)=1\&\&0\&\&3||9\&\&9=0||1=1$。

16. 输入三个整数，求出最大值并输出。下面(   )选项中的条件表达式，放在下列程序横线处无法求出最大值。

```
#include<stdio.h>
int main(int argc, char** argv)
{
    int a, b, c, max;
    printf("请输入 3 个整数：");
    scanf("%d,%d,%d", &a, &b, &c);
    (_____)
    printf("3 个整数中的最大的是：%d", max);
    return 0;
}
```

A. max = a > b ? a > c ? a : c : b > c ? b : c;

B. max = (c > ((a > b) ? a : b)) ? c : ((a > b) ? a : b);

C. max = c > (a > b) ? a : (b ? c : (a > b)) ? a : b;

D. max = a > b ? (a > c ? a : c) : (b > c ? b : c);

【答案】 C。

【解析】 A 选项：先判断 a 和 b 的大小，如果 a 大则再判断 a 和 c 的大小，如果 a 大，则 max=a，否则 max=c；接着比较 b 和 c 的大小。B 选项：如果 c > (a > b ? a : b)，则 max=c，否则 max = (a > b ? a : b)。C 选项：存在括号和逻辑的混乱使用问题。D 选项：和 A 选项同理。

17. 如果 a=1，b=2，c=3，d=4，则条件表达式 a<b?a:c<d?c:d 的值为(   )。

A. 1   B. 2   C. 3   D. 4

【答案】 A。

【解析】 题干表达式相当于求 a<b?a:(c<d?c:d)，而 a<b 成立，所以表达式的值就是 a 的值。

18. 设 "int m=1,n=2;"，则 m++==n 的结果是(   )。

A. 0   B. 1   C. 2   D. 3

【答案】 A。

【解析】表达式中的++是后置运算，属于先用后加。求 m++==n 的结果相当于求 m==n 的结果。

二、填空题

1. 表达式 10/3 的结果是 __[1]__ ；10%3 的结果是 __[2]__ 。

【答案】 [1] 3 ，[2]1。

【解析】 由于 0/3 是整数除法，0 和 3 都是整数，因此结果也是整数；10%3 是取余运算，计算的是 10 除以 3 的余数。

2. 执行语句"int a=12;a+=a-=a*a;"后的值是___[3]___。

【答案】 [3] −264。

【解析】 先执行 a− = a * a，a = 12 − 144 = −132，然后执行 a += −132，所以 a = −132 + (−132) = −264。

3. 假设 k 是整型变量，表达式 1/k 的数据类型是___[4]___。表达式 1.0/k 的数据类型是___[5]___。

【答案】 [4]整型，[5]浮点型。

【解析】 1 和 k 都是整数，所以 1/k 的数据类型是整型。1.0 是浮点数，k 是整数，所以 1.0/k 的数据类型是浮点型。

4. 以下语句的输出结果是___[6]___。

```
short b=65535;
printf("%d",b);
```

【答案】 [6] −1。

【解析】 short 类型通常是 16 位带符号整数，范围是 −32 768 到 32 767，而 65 535 超出了 short 类型的范围，超出的部分会被截断，按二进制补码表示。65 535 的二进制是 1111111111111111，对应的带符号整数是 −1。

5. 以下程序的执行结果是___[7]___。

```
#include<stdio.h>
int main()
{
    int a,b,x;
    x=(a=3,b=a--);
    printf("x=%d,a=%d,b=%d\n",x,a,b);
    return 0;
}
```

【答案】 [7] x=3，a=2，b=3。

【解析】 先将 a 赋值给 b，然后 a 自减，b = 3，a 变成 2。x 的赋值表达式中，括号中是逗号表达式，返回最右边的值，所以 x 被赋值为 b 的值。

6. 以下程序的执行结果是___[8]___。

```
#include<stdio.h>
int main()
{
    float f1,f2,f3,f4;
    int m1,m2;
    f1=f2=f3=f4=2;
    m1=m2=1;
    printf("%d\n",(m1=f1>=f2)&&(m2=f3<f4));
    return 0;
}
```

【答案】 [8] 0。

【解析】 f1 = f2 = f3 = f4 = 2，m1 = m2 = 1，f1 >= f2 表示 2 >= 2，结果是 1，所以 m1 = 1；f3 < f4 表示 2 < 2，结果是 0，所以 m2 = 0；整个表达式(m1 = 1) && (m2 = 0)，结果是 0。

7. 以下程序的执行结果是___[9]___。

```
#include<stdio.h>
int main()
{
    float f=13.8;
    int n;
    n=(int)f%3;
    printf("n=%d\n",n);
    return 0;
}
```

【答案】 [9] n=1。

【解析】 (int)f 表示将 f 转换成整数，即变成 13，13 % 3 = 1。

8. 以下程序的执行结果是___[10]___。

```
#include<stdio.h>
int main()
{
    int a=4,b=5,c=0,d;
    d=!a&&!b||!c;
    printf("%d\n", d);
}
```

【答案】 [10] 1。

【解析】 !a 表示!4，结果是 0；!b 表示!5，结果是 0；!c 表示!0，结果是 1；!a && !b 表示 0&&0，结果 0；0||!c 表示 0||1，结果是 1，所以最终输出结果是 1。

9. 以下程序的执行结果是___[11]___。

```
#include<stdio.h>
int main()
{
    int a=3;
    a+=(a<1)?a:1;
    printf("%d\n",a);
    return 0;
}
```

【答案】 [11] 4。

【解析】 (a < 1)? a : 1 表示(3 < 1)? 3 : 1，结果是 1；a += 1，所以 a = 4。

10. 以下程序的执行结果是___[12]___。

```
#include<stdio.h>
int main()
{
    int n;
    printf("%d\n",(n=3*5,n*4,n+5));
    return 0;
}
```

【答案】　[12] 20。

【解析】　逗号运算符从左到右依次计算，但只返回最后一个表达式的值。代码中 n = 3 * 5 计算后 n 为 15；n * 4 计算结果为 60；n + 5 计算结果为 20。所以最终输出结果是 20。

11. 以下程序的执行结果是＿＿＿[13]＿＿＿。

```
#include<stdio.h>
int main()
{
    float c,f;
    c=33.14;
    f=(6*c)/5+32;
    printf("f=%.2f\n",f);
}
```

【答案】　[13] f=71.77。

【解析】　代码 f = (6 * 33.14) / 5 + 32 中 6 * 33.14 = 198.84；198.84 / 5 = 39.768；39.768 + 32 = 71.768。printf("f=%.2f\n",f)将 f 保留两位小数输出。

三、简答题

1. 字符常量和字符串常量有何区别。

【答】　字符常量是单个字符，用单引号 ' ' 括起来。例如，'a'、'1'、'@' 等。字符常量在内存中存储其对应的 ASCII 值。例如，'a' 的 ASCII 值是 97。字符常量占用 1 个字节。字符串常量是一串字符，用双引号 " " 括起来。例如，"hello"、"123"、"@home" 等。字符串常量在内存中以字符数组形式存储，并在末尾添加一个字符串结束符 '\0'(表示字符串结束)。字符串常量占用的字节数等于字符串长度加 1(用于存储字符串结束符 '\0')。

2. 简述转义字符的用途并举示例加以说明。

【答】　转义字符用于表示在普通文本中难以直接输入的特殊字符。例如，换行符、制表符、反斜杠等。它们以反斜杠"\"开头，后跟一个或多个字符。

3. 简述数据类型转换规则并举示例加以说明。

【答】　数据类型转换可以分为隐式转换和显式转换。隐式转换指编译器自动进行的类型转换，如果两种类型的数据在表达式中混合使用，编译器会根据一定规则自动转换类型。例如，将较小类型转换为较大类型，整型转换为浮点型等。显式转换指通过强制转换运算符进行的类型转换，需要明确指定转换的类型。

4. 简述输入/输出函数中"格式字符串"的作用。

【答】 格式字符串用于定义如何格式化输入和输出数据，包括如何显示数据的类型、长度、精度等。常见的格式说明符有：%d(用于输出整数)、%f(用于输出浮点数)、%c(用于输出单个字符)、%s(用于输出字符串)。

5. 保留字和一般变量名有什么不同？

【答】 保留字是编程语言保留的单词，具有特殊的含义和功能。它不能用作变量名、函数名或其他标识符。保留字是预定义的，例如 int、return、if、else 等。

一般变量名是用户定义的名称，用于标识变量、函数、数组等。变量名由字母、数字和下画线组成，但不能以数字开头。变量名是区分大小写的，例如 variable1 和 Variable1 是不同的变量名。

2.2　上机实验指导

一、实验目的

(1) 掌握 C 语言的基本数据类型及其定义方法。掌握 C 语言的运算符的种类、运算优先级和结合规则。

(2) 掌握不同类型数据间的转换与运算，掌握 C 语言的表达式类型(赋值表达式、算术表达式、关系表达式、逻辑表达式、条件表达式和逗号表达式)和求值规则。

(3) 掌握基本的输入/输出函数，如 scanf()、getchar()、printf()和 putchar()函数。

(4) 进一步熟悉 C 程序的编辑、编译、组建和运行的过程。

二、实验范例

1. 字符转义

运行下列程序，观察其执行结果，并思考为什么？

程序如下：

```c
/*syfl2_1.c*/
#include<stdio.h>
int main(void)
{
    char c1='a',c2='b',c3='c',c4='\102',c5='\x61';
    printf("a%cb%c\tc%c\tabc\n",c1,c2,c3);
    printf("\t\b%c %c\n",c4,c5);
    printf("\\\t\t\t\"");
    printf("\n%c\t%d",c1,c1);
    return 0;
}
```

2. 自增减运算

运行下列程序，观察其执行结果，并思考为什么?若把最后一个语句(++x,y++)外的括号去掉，程序还要如何修改?

程序如下:

```
/*syfl2_2.c*/
#include<stdio.h>
int main()
{
    int y=4,x=6,z=2;
    printf("%d %d %d\n",++y,--x,z++);
    printf("%d %d\n",(++x,y++),z+2);
    return 0;
}
```

3. 温度转换

已知华氏温度 f 与摄氏温度 c 之间的转换公式是: $c = 5/9 \times (f - 32)$。编写程序，将用户输入的摄氏温度转换为华氏温度，并输出结果，结果保留 2 位小数。思考语句"f=(9.0*c)/5.0 + 32;"为何要使用 5.0 和 9.0，而不是 5 和 9。

程序如下:

```
/*syfl2_3.c*/
#include<stdio.h>
int main()
{
    float c;
    float f;
    scanf("%f",&c);
    f=(9.0*c)/5.0 + 32;
    printf("%.2f",f);
    return 0;
}
```

4. 整数反转

输入一个三位的整数，构造其反向三位数，并将该数输出。如输入 321，输出 123。如果输入 300 或者负数，输出会是什么，为什么?

程序如下:

```
/*syfl2_4.c*/
#include<stdio.h>
int  main()
{
    int a,b,c,x,y;
```

```
    printf("请输入一个三位的整数 x=");
    scanf("%d",&x);
    a=x/100;
    b=(x-a*100)/10;
    c=x-a*100-b*10;
    y=c*100+b*10+a;
    printf("%d\n",y);
    return 0;
}
```

5. 运算优先级

运行下列程序，观察其执行结果，写出表达式运算的优先级，并思考为什么？

程序如下：

```
/*syfl2_5.c*/
#include<stdio.h>
int main()
{
    float x=2.5,y=4.7;
    int a=7,b;
    float result;
    result=x+a%3*(int)(x+y)%2/4;
    printf("result1=%f\n",result);
    a=2;b=3;x=3.5;y=2.5;
    result=(float)(a+b)/2+(int)x%(int)y;
    printf("result2=%f\n",result);
}
```

6. 译码

运行下列程序，观察其执行结果，并思考为什么？

程序如下：

```
/*syfl2_6.c*/
#include<stdio.h>
int main()
{
    char c1='C',c2='h',c3='i',c4='n',c5='a';
    c1+=3;
    c2+=6;
    c3+=9;
    c4+=12;
    c5+=15;
```

```
        printf("Password is %c%c%c%c%c\n",c1,c2,c3,c4,c5);
    }
```

三、实验任务

(1) 调试上面的实验范例。

(2) 运行下列程序，观察其执行结果，并思考为什么？如果将第 6 行换为"b=++c,c++,
++a,a++;"，结果会变化吗，为什么？

程序如下：

```
/*sy2_1.c*/
#include<stdio.h>
int main( )
{
    int a, b, c;
    a = 5;
    c = ++a;
    b = c++, ++c, a++, ++a;
    b += a++ + c;
    printf("a = %d b = %d c = %d\n:", a, b, c);
    return 0;
}
```

(3) 运行下列程序，从键盘任意输入一个数字，观察其执行结果。思考有没有其他的
写法。

程序如下：

```
/*sy2_2.c*/
#include<stdio.h>
int main()
{
    float num;
    printf("请输入一个整数：");
    scanf("%f", &num);
    printf("%f 是一个%s 数\n", num, (num > 0) ? "正" : ((num < 0) ? "负" : "零"));
    return 0;
}
```

(4) 根据分析提示，试着完成下面的程序，并上机调试成功。

编写一个程序，从键盘输入圆柱体的半径 r 和高度 h，计算其底面积和体积。

分析：已知半径 r 和高度 h，依据圆面积的计算公式 $S = \pi \times r \times r$ 和圆柱体体积计算公
式 $V = \pi \times r \times r \times h$ 可计算圆柱体底面积 S 和体积 V。

不完整程序如下：

```
/*sy2_3.c*/
```

```
#include<stdio.h>
int main()
{
    float pi=3.1415926F;
    float r,h,S,V;
    printf("Please input r,h:");
    scanf("%f,_____",&r,_____);           /*从键盘输入圆柱体的半径 r 和高度 h*/
    S=_____;                            /*计算底面积 S 的值*/
    V=_____;                            /*计算圆柱体体积 V 的值*/
    printf("底面积=_____\t 圆柱体体积=_____\n",S,V );
    return 0;
}
```

先在下画线位置填写正确的参数或表达式，再运行该程序。

(5) 写出实验报告。实验报告要求如下：

① 将上面不完整程序补充完整，并保证其正确性。

② 记录源程序在上机调试时出现的各种问题及其解决办法。

③ 总结本次实验的经验与教训。

第3章　顺序与分支结构

3.1　习题答案与解析

一、选择题

1. 结构化程序模块不具有的特征是(　　)。
   A. 只有一个入口和一个出口
   B. 要尽量多使用 goto 语句
   C. 一般有顺序、分支和循环 3 种基本结构
   D. 程序中不能有死循环

【答案】　B。

【解析】　选项 A、C 和 D 都是结构化程序所具有的特征，B 的叙述跟实际刚好相反，实际上，结构化程序应尽量避免使用 goto 语句。

2. 以下叙述正确的是(　　)。
   A. 循环结构、分支结构、顺序结构都是结构化程序的基本结构
   B. 计算机可以直接执行 C 语言程序，不需要做任何转换
   C. 过于复杂的算法不能使用 N-S 流程图描述
   D. 只有不超过 20 步操作步骤的算法才是简单算法

【答案】　A。

【解析】　C 语言是高级语言，计算机无法理解并执行 C 语言程序。它需要先被编译成机器语言才能被计算机执行，排除 B 选项；N-S 流程图可以用来描述任何复杂度的算法，因此 C 选项错误；算法的复杂与简单，不能用操作步骤数来衡量，它取决于算法的逻辑结构、资源需求等因素，D 选项错误；循环结构、分支结构、顺序结构都是结构化程序的基本结构。

3. C 语言中，逻辑"真"等价于(　　)。
   A. 整数 1　　　　　B. 整数 0　　　　　C. 非 0 数　　　　　D. true

【答案】　C。

【解析】　本题考查逻辑"真"的基本概念。在 C 语言中，没有通常高级语言的逻辑型数据(如 Pascal 语言中的 true 和 false)，而是用包括负数在内的任意非 0 数来表示"真"，

用 0 来表示"假"。

4. 以下 4 条语句中，有语法错误的是(   )。

    A．if(a>b) m=a;   B．if(a<b) m=b;

    C．if((a=b)>=0) m=a;   D．if((a=b;)>=0) m=a;

【答案】 D。

【解析】 本题主要考查 if 语句中表达式的用法。D 选项中由于在 a=b 后加了分号，所以它已经不是一个赋值表达式，而是一个赋值语句。

5. 下列关于 if-else if 选择结构的说法正确的是(   )。

    A．多个 else if 块之间的顺序可以改变，改变之后对程序的执行结果没有影响

    B．多个 else if 块之间的顺序可以改变，改变之后对程序的执行结果有影响

    C．多个 else if 块之间的顺序不可以改变，改变后程序编译不通过

    D．多个 else if 块之间的顺序可以改变，改变后程序编译可以通过

【答案】 D。

【解析】 多个 else if 块之间的顺序可以改变，改变后程序编译可以通过，但对程序的执行结果可能有影响。

6. 以下程序的运行结果为(   )。

```
#include<stdio.h>
int main()
{
    int sum,pad;
    sum=pad=5;
    pad=sum++;
    pad++;
    ++pad;
    printf("%d\n", pad);
    return 0;
}
```

    A．7   B．6   C．5   D．8

【答案】 A。

【解析】 注意语句"pad=sum++;"执行后 pad 的值是 sum 原来的值，而不是 sum++ 后的值。

7. 以下程序的运行结果为(   )。

```
#include<stdio.h>
int main()
{
    int a=2,b=10;
    printf("a=%%d,b=%%d\n", a,b);
    return 0;
}
```

　　A．a=%2,b=%10　　　　B．a=2,b=10　　　　C．a=%%d,b=%%d　　　　D．a=%d,b=%d

【答案】　A。

【解析】　本题考查 printf()函数的正确使用。在 printf()函数中，如果想输出字符'%'，则应该在"格式控制"字符串连续用两个"%"号表示。

　　8．为了避免嵌套的 if-else 语句出现二义性，C 语言规定 else 总是(　　)。

　　A．与缩排位置相同的 if 组成配对关系

　　B．与其之前未配对的 if 组成配对关系

　　C．与在其之前未配对的最近的 if 组成配对关系

　　D．与同一行上的 if 组成配对关系

【答案】　C。

【解析】　C 选项所述是 if 与 else 的默认配对原则，可以通过加大括号改变配对关系。

　　9．运行以下程序段后，变量 a 的值是(　　)。

```c
#include<stdio.h>
int main()
{
    int a=0, b=3;
    if(a++||a+b&&a&&b++)
    {
        b++;
        a+=b;
    }
    else
        a++;
    printf("%d",a);
    return 0;
}
```

　　A．2　　　　　　　　B．3　　　　　　　　C．5　　　　　　　　D．6

【答案】　D。

【解析】　本题主要考查逻辑运算符(‖ 和 &&)以及后置递增运算符(++)的用法。

二、程序填空

　　1．邮件计费标准：每克为 0.02 元，超过 500 克后，超出部分每克为 0.01 元。邮件重量从键盘输入。请计算邮费。

　　程序如下：

```c
#include<stdio.h>
int main()
{
    double weight, cost;
    scanf("%lf", &weight);
```

```
        if (weight [1] 500)
        {
            cost = weight * 0.02;
        }
        else
          {
            cost = 500 * 0.02 + ([2] - 500) * 0.01;
          }
        printf("%.2f\n", cost);
        return 0;
    }
```

【答案】 [1] <=，[2] weight。

【解析】 根据分析可知，空[1]需要比较 weight 是否大于 500 克，所以应该使用比较操作符 "<="，当邮件超过 500 克时，需要计算前 500 克的费用和超出部分的费用，并将它们加在一起，故空 [2] 填 weight。

2. 猜数字游戏。输入任何一个整数，判断其是否等于 5，若等于，则给出 "right!"；若不等于且比 5 大，给出 "big"，否则给出 "small"。

程序如下：

```
    #include<stdio.h>
    int main()
    {
        int number;
        scanf("%d", &number);
        if (number [3] )
         {
            printf("right!\n");
        }
        else if (number [4] )
        {
            printf("big\n");
        }
        else
        {
            printf(" [5] \n");
        }
        return 0;
    }
```

【答案】 [3] ==5，[4] >5，[5] small。

【解析】 根据分析可知，空[3]要判断输入的 "number" 是否等于 5，故应填 "==5"，空[4]要比较"number"是否大于 5，故应填">5"，空 [5] 根据题目要求应填 small。

3. 下面的程序完成两个数的四则运算。用户输入一个实现两个数的四则运算的表达式，程序采用 switch 语句先对其运算结果进行判定，然后执行相应的运算并给出结果。

程序如下：

```c
#include<stdio.h>
int main()
{
    float x,y;
    char op;
    printf("Please input Expression:");
    scanf("%f%c%f",&x,&op,&y);
     [6]
    {
    case '+':
        printf("%g%c%g=%g\n", [7] );
         [8] ;
    case '-':
        printf("%g%c%g=%g\n",x,op,y,x-y);
        break;
    case '*':
        printf("%g%c%g=%g\n",x,op,y,x*y);
        break;
    case '/':
        if ( [9] )
            printf("Division Error!\n");
        else
            printf("%g%c%g=%g\n",x,op,y,x/y);
        break;
    default:printf("Expression Error!\n");
    }
    return 0;
}
```

【答案】 [6] switch (op)，[7] x,op,y,x+y，[8] break，[9] y==0。

【解析】根据分析可知：空 [6] 需要指定 switch 语句的参数，即 op，故应填 switch(op)；空[7]应填入要输出的表达式参数，故应填 x,op,y,x+y；空[8]处添加 break 来跳出 switch，故应填 break；空[9]处检查除数是否为 0，故应填 y==0。

三、编程题

1. 给出三角形的三边 a、b、c，求三角形的面积。(应先判断 a、b、c 三边是否能构成

一个三角形)

【答案】 参考程序如下：

```c
#include<stdio.h>
#include <math.h>
int main()
{
    float a,b,c,area,p;
    scanf("%f,%f,%f",&a,&b,&c);
    p=(a+b+c)/2;
    if(a+b>c&&a+c>b&&b+c>a)
    {
        area=sqrt(p*(p-a)*(p-b)*(p-c));
        printf("Area=%6.2f\n",area);
    }
    else    printf("Error\n");
    return 0;
}
```

2. 对实数 x，若其不小于 0，则求它的平方数并赋值给 y，当 y 大于 500 时，输出 y，否则输出 500。若 x<0，则输出 x。

【答案】 参考程序如下：

```c
#include<stdio.h>
int main()
{
    double x,y;
    scanf("%lf",&x);
    if(x>=0)
    {
        y=x*x;
        if(y>500)
        {
            printf("%.2f\n", y);
        }
        else
        {
            printf("500\n");
        }
    }
    else
    {
```

```
        printf("%.2f\n", x);
    }
    return 0;
}
```

3. 输入 4 个整数，要求将它们按从小到大的顺序输出。

【答案】　参考程序如下：

```
#include<stdio.h>
int main()
{
    int t,a,b,c,d;
    scanf("%d,%d,%d,%d",&a,&b,&c,&d);
    printf("\na=%d,b=%d,c=%d,d=%d",a,b,c,d);
    if (a>b) {t=a;a=b;b=t;}
    if (a>c) {t=a;a=c;c=t;}
    if (a>d) {t=a;a=d;d=t;}
    if (b>c) {t=b;b=c;c=t;}
    if (b>d) {t=b;b=d;d=t;}
    if (c>d) {t=c;c=d;d=t;}
    printf("\n%d %d %d %d \n",a,b,c,d);
    return 0;
}
```

4. 某幼儿园只收 2～6 岁的小孩，2～3 岁编入小班，4 岁编入中班，5～6 岁编入大班，编写程序，实现每输入一个年龄，输出该编入什么班。

【答案】　参考程序如下：

```
#include<stdio.h>
int main()
{
    int age;
    scanf("%d",&age);
    switch(age)
    {
        case 2:
        case 3:printf("Small class\n");break;
        case 4:printf("Middle class\n");break;
        case 5:
        case 6:printf("Large class\n");break;
        default :printf("Error\n");break;
    }
    return 0;
}
```

5. 输入一元二次方程的 3 个系数 a、b、c，求出该方程所有可能的根。

【答案】 参考程序如下：

```c
#include<stdio.h>
#include<math.h>
int main()
{
        float a,b,c,d,x1,x2;
        scanf("%f,%f,%f",&a,&b,&c);
        d=b*b-4*a*c;
        if(fabs(a)<=1e-6)
           if(fabs(b)<=1e-6)
               if(fabs(c)<=1e-6)
                   printf("The equation's root is innumerable\n");
               else printf("None\n");
           else printf("The equation's root is %f\n ",-c/b);
        else
         {
           if(fabs(d)<=1e-6) printf("x1=x2=%f\n",-b/(2*a));
           else
              if(d>=1e-6)
              {
                     x1=(-b+sqrt(d))/(2*a);
                     x2=(-b-sqrt(d))/(2*a);
                     printf("The equation's root is ");
                     printf("x1=%f,x2=%f\n ",x1,x2);
              }
              else
              {
                     x1=-b/(2*a);
                     x2=sqrt(-d)/(2*a);
                     printf("The equation's root is %f+I%f\n ",x1,x2);
                     printf("The equation's root is %f-I%f\n ",x1,x2);
              }
         }
        return 0;
}
```

6. 输入 x 的值，分别用 if、switch 语句编写程序计算下列分段函数的值。

【答案】 参考程序如下：

```c
#include<stdio.h>
```

```
    int main()
    {
        int x,y;
        printf("input x: ");
        scanf("%d",&x);
        if(x<1)
        {
            y=3*x;
            printf("x=%d, y=3x=%d\n",x,y);
        }
        else
        {
            if(x<10)
            {
                y=x+2;
                printf("x=%d, y=x+2=%d\n",x,y);
            }
            else
            {
                y=2*x-8;
                printf("x=%d, y=2*x-8=%d\n",x,y);
            }
        }
        return 0;
    }
```

7. 假设个人所得税应纳税款公式为税率 × (工资 − 3000)。请编写程序，输入个人工资，计算并输出应缴的个人所得税。其中税率定义如下：

当工资不超过 3000 元时，税率为 0；

当工资在区间(3000, 5000]元时，税率为 5%；

当工资在区间(5000, 8000]元时，税率为 10%；

当工资在区间(8000, 10 000]元时，税率为 15%；

当工资超过 10 000 元时，税率为 20%。

【答案】　参考程序如下：

```
#include<stdio.h>
int main()
{
    double salary, taxRate, tax;
    printf("Input salary: ");
    scanf("%lf", &salary);
```

```c
if(salary <= 3000)
{
    taxRate = 0.0;
}
else if (salary>3000&&salary<=5000)
{
    taxRate = 0.05;
}
else if(salary > 5000&&salary<=8000)
{
    taxRate = 0.10;
}
else if(salary > 8000 && salary <= 10000)
{
    taxRate = 0.15;
}
else
{
    taxRate = 0.20;
}
if (salary > 3000)
{
    tax = taxRate * (salary - 3000);
}
else
{
    tax = 0.0;
}
printf("tax=: %.2f\n", tax);
return 0;
}
```

3.2　上机实验指导

一、实验目的

(1) 学会正确使用关系表达式和逻辑表达式。

(2) 掌握用 if 语句实现分支结构。

(3) 掌握用 switch 语句实现多分支结构。

(4) 掌握分支结构的嵌套。

二、实验范例

1. 判断闰年

从键盘输入一年份，判断该年份是否为闰年。

程序如下：

```
/*syfl3_1.c*/
#include<stdio.h>
int main()
{
    int year;
    scanf("%d",&year);                        /*从键盘输入年份*/
    if (year%4==0&&year%100!=0 || year%400==0)
        printf("This year is a leap year!\n");        /*如果该年份是闰年，则输出是闰年*/
    else
        printf("This year is not a leap year!\n");    /*否则输出不是闰年*/
    return 0;
}
```

2. 猜数游戏

假如设定一个整数 m=123，然后让其他人从键盘上输入一个数字，如果输入对，输出"RIGHT"，如果输入错，则输出"WRONG"，并指出设定的数比输入的数大还是小。

程序如下：

```
/*syfl3_2.c*/
#include<stdio.h>
int main()
{
    int data;
    printf("Input a data:");        /*显示输入提示信息*/
    scanf("%d",&data);              /*从键盘输入一个整数*/
    if(data==123)                  /*输入数据与 123 进行比较*/
        printf("RIGHT\n");          /*若输入数据等于 123，则输出"RIGHT"*/
    else
    {
        printf("WRONG\n");          /*若输入数据不等于 123，则输出"WRONG"*/
        if(data>123)
            printf("It is LARGE\n");    /*若输入数据大于 123，则输出"It is LARGE"*/
        else
            printf("It is SMALL\n");    /*若输入数据小于 123，则输出"It is SMALL"*/
```

```
            }
        return 0;
    }
```

3．逆序打印

编写程序，给出一个不多于四位的正整数，要求：

① 求出它是几位数；

② 分别打印出每一位数字；

③ 按逆序打印出每一位数字。

程序如下：

```
/*syfl3_3.c*/
#include<stdio.h>
int main()
{
    int num,indiv,ten,hundred,thousand,digit;
    printf("Input a integer number(0~9999):");
    scanf("%d",&num);
    thousand=num/1000;                    /*计算千位数字*/
    hundred=num/100%10;                   /*计算百位数字*/
    ten=num%100/10;                       /*计算十位数字*/
    indiv=num%10;                         /*计算个位数字*/
    if(num>999)                           /*如果数字大于 999，表示该数为四位数*/
    {
        digit=4;
        printf("Digit=%d\n",digit);
        printf("Each digit is:");
        printf("%d,%d,%d,%d\n",thousand,hundred,ten,indiv);
        printf("Inversed number is:");
        printf("%d,%d,%d,%d\n",indiv,ten,hundred,thousand);
    }
    else
        if(num>99)                        /*如果数字大于 99 且小于或等于 999，该数是三位数*/
        {
            digit=3;
            printf("Digit=%d\n",digit);
            printf("Each digit is :%d,%d,%d\n",hundred,ten,indiv);
            printf("Inversed number is:");
            printf("%d,%d,%d\n",indiv,ten,hundred);
        }
```

```
        else
            if(num>9)                   /*如果数字大于 9 且小于或等于 99，该数是两位数*/
            {
                digit=2;
                printf("Digit=%d\n",digit);
                printf("Each digit is:%d,%d\n",ten,indiv);
                printf("Inversed number is:");
                printf("%d,%d\n",indiv,ten);
            }
        else                            /*如果数字小于或等于 9，该数是一位数*/
        {
            digit=1;
            printf("Digit=%d\n",digit);
            printf("Each digit is:%d\n",indiv);
            printf("Inversed number is:%d\n",indiv);
        }
    return 0;
}
```

上面给出的程序主要是让读者熟悉 if 语句的使用，所以求位数的代码有点复杂。实际上，通过表达式(int)log10(n)+1 求位数，代码非常简洁，请读者自行编写。

4．鸡兔同笼

鸡兔同笼是《孙子算经》中一个有趣的数学问题。书中是这样叙述的，"今有雉兔同笼，上有三十五头，下有九十四足，问雉兔各几何？"请编写程序，输入总的头数和脚数，输出鸡和兔各多少只。

解题思路　假设 i 是鸡的数量，j 是兔的数量，每只鸡有 2 只脚，每只兔有 4 只脚，则有 2i+4j=m(脚的总数)，且 i+j=n(头的总数)，得到 i=(4*n-m)/2，j=n-i。

程序如下：

```
/*syfl3_4.c*/
#include<stdio.h>
int main()
{
    int i, j, n, m;
    scanf("%d", &n);                    /*n 是头的总数*/
    scanf("%d", &m);                    /*m 是脚的总数*/
    i = (4 * n - m) / 2;
    j = n - i;
    /*检查解是否合理*/
    if (m % 2 == 1 || i < 0 || j < 0)
```

```
        printf("No\n");                                /*如果没有解或解不合理，输出 "No"*/
    else
        printf("%d %d\n", i, j);                       /*输出鸡和兔的数量*/
    return 0;
}
```

2. 输入正确的数

用户输入 1～100 内的整数，检验输入是否正确，如果输入正确，给出适当信息("the number is right")；如果输入错误，再给用户一次机会输入正确数字，若第二次输入也不对，则输出报错信息("the number is error")。

程序如下：

```
/*syfl3_5.c*/
#include<stdio.h>
int main()
{
    int number;
    int attempt = 0;
    printf("Input integer：");
    if (scanf("%d", &number) == 1 && number >= 1 && number <= 100)
    {
        printf("the number is right\n");              /*成功读取数字且数字在范围内*/
    }
    else                                              /*第一次输入失败*/
    {
        attempt++;
        printf("error!");
        if (scanf("%d", &number) == 1 && number >= 1 && number <= 100)
        {
            printf("the number is right\n");          /*第二次输入成功且数字在范围内*/
        }
        else                                          /*第二次输入仍然失败*/
        {
            printf("the number is error\n");
        }
    }
    return 0;
}
```

6. 转换日期格式

输入月/日/年，输出固定格式的日期，格式如下：

Enter date (mm/dd/yy): 5/1/24

1st day of May,2024.

程序如下：

```c
/*syfl3_6.c*/
#include<stdio.h>
int main()
{
        int month, day, year;
        printf("Enter date (mm/dd/yy): ");
        scanf("%d/%d/%d", &month, &day, &year);
        printf("%d", day);
        switch(day)                          /*判断日期的后缀(st, nd, rd, th)*/
        {
            case 1:
            case 21:
            case 31: printf("st"); break;
            case 2:
            case 22: printf("nd"); break;
            case 3:
            case 13:
            case 23: printf("rd"); break;
            default: printf("th"); break;
        }
        printf(" day of ");
        switch(month)                        /*判断月份并输出对应的英文月份名*/
        {
            case 1: printf("January"); break;
            case 2: printf("February"); break;
            case 3: printf("March"); break;
            case 4: printf("April"); break;
            case 5: printf("May"); break;
            case 6: printf("June"); break;
            case 7: printf("July"); break;
            case 8: printf("August"); break;
            case 9: printf("September"); break;
            case 10: printf("October"); break;
            case 11: printf("November"); break;
            case 12: printf("December"); break;
        }
```

```
printf(", 20%.2d.\n", year);
return 0;
}
```

三、实验任务

编写程序并上机调试通过，然后写出实验报告。

(1) 下面的程序，表示从键盘输入一个字符，判断它是字母、数字还是其他字符。运行该程序，分析运行结果。

程序如下：

```
/*sy3_1.c*/
#include<stdio.h>
int main()
{
    char c;
    printf("Enter a character:");
    scanf("%c",&c);
    if((c>='a'&&c<='z')||(c>='A'&&c<='Z'))
        printf("It's an alphabetic character.\n");
    else
        if(c>=48&&c<=57)
            printf("It's a digit\n");
        else
            printf("It's an other character\n");
    return 0;
}
```

(2) 写出以下程序运行的结果。

程序如下：

```
/*sy3_2.c*/
#include<stdio.h>
int main()
{
    int a=-1,b=1;
    if((++a<0)&&!(b--<=0))
        printf("a=%d,b=%d\n",a,b);
    else
        printf("b=%d,a=%d\n",b,a);
    return 0;
}
```

(3) 写出以下程序运行的结果。

程序如下：

```
/*sy3_3.c*/
#include<stdio.h>
int main()
{
    int a=0,b=1;
    switch(a)
    {
        case 0: switch(b)
            {
                case 0: a++;b++;break;
                case 1: a++;b++;
                default: a++;
            }
        case 1: a++;b++;
    }
    printf("a=%d,b=%d\n",a,b);
    return 0;
}
```

(4) 编写程序，实现根据用户输入的三角形的三条边长判定该三角形是何种三角形。

(5) 从键盘输入两个操作数和运算符，用 switch 语句实现两个数的加、减、乘、除运算。

(6) 从键盘输入年、月、日，判断这天为当年的第几天。

(7) 写出实验报告。实验报告要求如下：

① 写出解决问题的算法思路，画出程序流程图。

② 根据算法思路或程序流程图编写源程序。

③ 记录源程序在上机调试时出现的各种问题及其解决办法。

④ 总结本次实验的经验与教训。

第4章 循环结构

4.1 习题答案与解析

一、选择题

1. 若 i、j 均为整型变量，则以下循环(　　)。

```
for(i=0,j=2; j=1; i++,j--)
    printf("%5d, %d\n", i, j);
```

  A. 循环体只执行一次   B. 循环体执行两次

  C. 是无限循环   D. 循环条件不合法

【答案】 C。

【解析】 本题考查对 for 循环中循环条件语句的理解。本题中的循环条件(j=1)是一个赋值表达式，每当执行到此处时，j 都被赋为一个非 0 数(1)，这意味着循环条件始终为"真"，故该循环是无限循环。

2. 以下 do-while 循环(　　)。

```
a=1;
do
{
    a=a*a;
}while(!a);
```

  A. 循环体只执行一次   B. 循环体执行两次

  C. 是无限循环   D. 循环条件不合法

【答案】 A。

【解析】 do-while 语句是先执行后判断，由于执行后 a 等于 1，使得循环条件为假(!a 等于 0)，故循环执行一次便终止。

3. C 语言中 while 与 do-while 语句的主要区别是(　　)。

  A. do-while 的循环体至少无条件执行一次

  B. do-while 允许从外部跳到循环体内

  C. while 的循环体至少无条件执行一次

D. while 的循环控制条件比 do-while 的严格

【答案】　A。

【解析】　本题旨在考查对 while 与 do-while 两种循环语句的理解。前者是先判断后执行，而后者是先执行后判断，故后者循环体会至少执行一次。

4. 语句"while (!a);"中的条件等价于(　　)。

A. a!=0　　　　　　B. ~a　　　　C. a==1　　　D. a==0

【答案】　D。

【解析】　本题中的条件相当于!a 为真，即 a 为假。

5. 以下程序的运行结果为(　　)。

```
#include<stdio.h>
int main()
{
    int i=1,sum=0;
    while(i<=100)
        sum+=i;
        i++;
    printf("1+2+3+...+99+100=%d", sum);
    return 0;
}
```

A. 5050　　　　　　B. 1　　　　C. 0　　　D. 程序陷入死循环

【答案】　D。

【解析】　判断 while 循环的循环体语句只有一条，即"sum+=i;"，由于 i 的值没有变化，因此循环条件一直为真，循环将无终止执行。上面程序中语句"i++;"的书写位置与语句"sum+=i;"对齐也起到了一定的干扰作用，请读者注意。

6. 对于 for(表达式 1; ;表达式 3)语句可理解为(　　)。

A. for(表达式 1;0;表达式 3)

B. for(表达式 1;1;表达式 3)

C. for(表达式 1;表达式 1;表达式 3)

D. for(表达式 1;表达式 3;表达式 3)

【答案】　B。

【解析】　for 语句的表达式 2 缺省，表示循环条件始终为真。

7. 下面有关 for 循环的描述正确的是(　　)。

A. for 循环只能用于循环次数已经确定的情况

B. for 循环是先执行循环体语句，后判断表达式

C. 在 for 循环中，不能用 break 语句跳出循环体

D. for 循环的循环体语句中，可以包含多条语句，但必须用花括号括起来

【答案】　D。

【解析】　for 循环常用于循环次数已知的循环中，但也可以用于循环次数未知的循环中；for 循环是先判断表达式，根据表达式的值来决定是否循环；在 for 循环中，如果要中

途退出循环，可以使用 break 语句来实现。

8. 下面程序段中，do-while 循环的结束条件是(　　　)。

```
int n = 0, p;
do { scanf ("%d", &p); n++; } while (p != 12345 && n < 3);
```

A．p 的值不等于 12 345 并且 n 的值小于 3

B．p 的值等于 12 345 并且 n 的值大于等于 3

C．p 的值不等于 12 345 或者 n 的值小于 3

D．p 的值等于 12 345 或者 n 的值大于等于 3

【答案】　D。

【解析】　while 后面的条件为真是循环继续的条件。若要想循环结束，则 while 后面的条件必须为假，即原条件求反，也就是(p==12345 ||n>=3)。

9. 下面程序中，while 循环的循环次数是(　　　)。

```
int i = 0;
while (i < 10)
{
    if (i < 1) continue;
    if (i == 5) break;
    i++;
}
```

A．1　　　　　B．10　　　　　C．6　　　　　D．死循环，不能确定次数

【答案】　D。

【解析】　因为 i 的初始值为 0，所以 while 后面的条件为真，进入循环体；if 后面的条件 i<1 成立，执行 continue 语句；继续对 while 后的条件进行判断，因为此时变量 i 的值没有任何变化，所以条件总是成立，循环将无限进行下去。

二、程序填空

1. 下面程序的功能是计算 n!。

```
#include<stdio.h>
int main()
{
    int i, n;
    long p;
    printf( "Please input a number:\n" );
    scanf("%d", &n);
    p= [1] ;
    for (i=2; i<=n; i++)
        [2] ;
    printf("n!=%ld", p);
    return 0;
}
```

【答案】 [1] 1，[2] p*=i 或 p=p*i。

【解析】 根据分析可知，p 的作用是存放累乘值，故空[1]应给 p 赋初值 1，空[2]应填 p*=i 或 p=p*i。

2. 下面程序的功能是：从键盘上输入若干学生的成绩，统计并输出最高和最低成绩，当输入负数时结束输入。

```
#include<stdio.h>
int main()
{
    float score, max, min;
    printf( "Please input one score:\n" );
    scanf("%f", &score);
    max=min=score;
    while( [3] )
    {
        if(score>max) max=score;
        if( [4] )
            min=score;
        printf("Please input another score:\n");
        scanf("%f", &score);
    }
    printf("\nThe max score is %f\nThe min score is %f", max, min);
    return 0;
}
```

【答案】 [3] score>=0 或!(score<0)，[4] score<min 或 score<=min。

【解析】 根据分析可知，空[3]是循环条件，可填 score>=0 或!(score<0)；空[4]要判断新输入的 score 值是否比原来的 min 还小，故应填 score<min 或 score<=min。

3. 下面程序的功能是：计算 $y=\dfrac{x}{1}-\dfrac{x^2}{3}+\dfrac{x^3}{5}-\dfrac{x^4}{7}+\cdots(|x|<1)$的值。要求 x 的值从键盘输入，y 的精度控制在 0.000 01 内。

```
#include<stdio.h>
#include <math.h>
int main()
{
    float x , y=0, fz=-1, fm=-1, temp=1;
    printf("Please input the value of x:\n");
    scanf("%f", &x);
    while( [5] )
    {
        fz= [6] ;
```

```
        fm=fm+2;
        temp=fz/fm;
        y+=temp;
    }
    printf("\ny= %f", y);
    return 0;
}
```

【答案】 [5] fabs(temp)>0.00001，[6] -fz*x。

【解析】 根据分析可知，空 [5] 是循环条件，可填 fabs(temp)>0.00001；空[6]要求每一项的分子，故应填-fz*x。

4. 下面程序的功能是：输出 100 以内能被 3 整除且个位数为 6 的所有整数。

```
#include<stdio.h>
int main()
{
    int i,j;
    for(i=0; [7] ;i++)
    {
        j=i*10+6;
        if( [8] ) continue;
        printf("%d",j);
    }
    return 0;
}
```

【答案】 [7] i<10，[8] j%3 != 0。

【解析】 根据分析可知，空[7]应填 i < 10，因为题目要求输出的是 100 以内能被 3 整除且个位数为 6 的整数，个位数正好是 6，所以只需要考虑 i 的取值小于 10 即可；空[8]应填 j%3 != 0，因为要求输出的数是能被 3 整除的，所以只要 j 不能被 3 整除，就需要跳过当前循环，否则就输出符合条件的数。

三、编程题

1. 求 1! + 2! + 3! + ⋯ + 10!之和。

解题思路 首先定义变量 term 和 sum，分别表示当前项的阶乘值和总和。然后使用 for 循环从 1 到 10 遍历每个数字 i。在每次循环中，将 term 乘 i 得到当前项的阶乘值。将当前项的阶乘值加到 sum 中。循环结束后，输出结果。

【答案】 参考程序如下：

```
#include<stdio.h>
int main()
{
    long term=1,sum=0;
```

```
        int i;
        for(i=1;i<=10;i++)
        {
            term*=i;
            sum+=term;
        }
        printf("1!+2!+...+9!+10!=%ld\n",sum);
        return 0;
    }
```

2. 一个灯塔有 8 层，共有 765 盏灯，其中每一层的灯数都是其相邻上层的两倍，求最底层的灯数。

解题思路一　首先观察题目可知，最顶层的灯数是 1。然后使用一个循环来计算每一层灯的数量。在每次循环中，将当前层的灯数乘 2，再累加到总和 s 中。最后通过将 765 除以 s 再乘 p 得到最底层的灯数。

【**答案**】　参考程序如下：

```
        #include <stdio.h>
        int main()
        {
            int s=1,n,p=1;
            for(n=1;n<=7;n++)
            {
                p=p*2;
                s=s+p;
            }
            printf("%d\n",765/s*p);
            return 0;
        }
```

解题思路二　可以通过循环试错策略来解决灯塔的灯数问题。从 1 开始逐个测试每层最少量的灯数 x，利用内部循环模拟灯塔的 8 层结构，每下一层的灯数都是上一层的两倍，并累计所有层的灯数之和 s。当累计和等于 765 时，输出当前底层的灯数 p 并结束循环，从而找到最底层的灯数。

【**答案**】　参考程序如下：

```
        #include<stdio.h>
        int main()
        {
            int s,n,p,x;
            for(x=1;x<765;x++)
            {
                p=x;
```

```
        s=x;
        for(n=1;n<=7;n++)
        {
            p=p*2;
            s=s+p;
        }
        if(s==765) {printf("%d\n",p);break;}
    }
    return 0;
}
```

3. 一张 10 元票面的纸钞兑换成 1 元、2 元或 5 元的票面，共有多少种不同的兑换方法?

解题思路 本题可以采用穷举法，即遍历所有可能的组合，检查每种组合的总金额是否为 10 元。首先设定循环。为每个面额设定一个循环变量，分别代表该面额的数量。对于 5 元，循环变量从 0 到 2。对于 2 元，循环变量从 0 到 5。对于 1 元，循环变量从 0 到 10。然后计算总和。对于每一轮循环，计算当前选择的 1 元、2 元、5 元数量的总和。接着判断总和是否等于 10 元，若满足条件，则计数器加 1。最后循环结束，输出计数器的值，即兑换方法的总数。

【答案】 参考程序如下:

```
#include<stdio.h>
int main()
{
    int a,b,c,sum=0;
    for(a=0;a<=10;a++)
        for(b=0;b<=5;b++)
            for(c=0;c<=2;c++)
                if(a+2*b+5*c==10)
                {
                    printf("%d,%d,%d\n",a,b,c);
                    sum++;
                }
    printf("%d\n",sum);
    return 0;
}
```

4. 打印出所有的"水仙花数"。所谓水仙花数，是指一个三位数，其各位数字的立方之和等于该数。

解题思路 首先确定范围。因为水仙花数是三位数，所以需要遍历 100 到 999 之间的所有数。然后提取各位数字。对于每个遍历到的数，需要分别得到它的百位、十位和个位数字。接着计算立方和，将提取出的每个位上的数字各自立方后求和。最后验证条件，比较原数与各位数字立方和，如果两者相等，则该数是一个水仙花数。

【答案】 参考程序如下：

```c
#include<stdio.h>
int main()
{
    int n,a,b,c;
    for(n=100;n<1000;n++)
    {
        a=n/100;
        b=n/10%10;
        c=n%10;
        if(a*a*a+b*b*b+c*c*c==n)
            printf("%5d\n",n);
    }
    return 0;
}
```

5. 如果一个数等于其所有真因子(不包括其本身)之和，则该数为完数。例如，6 的因子有 1、2、3，且 6 = 1 + 2 + 3，故 6 为完数。求 2～1000 中的完数。

解题思路 本题可以采用双层循环。外层循环：控制检查的数值范围，从 2 遍历到 1000。对于每个 n 值，初始化一个变量 s 为 0，用于累加 n 的真因子之和。内层循环：对于当前的 n，从 1 遍历到 n − 1，判断 k 是否能整除 n，如果 k 可以整除 n(说明 k 是 n 的一个真因子)，则将 k 加到 s 上，累计所有真因子的和。最后判断所有真因子之和 s 是否等于当前的数 n，若 s 与 n 相等，则该数为完数。

【答案】 参考程序如下：

```c
#include<stdio.h>
int main()
{
    int s,n,k;
    for(n=2;n<=1000;n++)
    {
        s=0;
        for(k=1;k<n;k++)
            if(n%k==0)    s=s+k;
        if(s==n)    printf("%5d",n);
    }
    printf("\n");
    return 0;
}
```

6. 输出 7～1000 中个位数为 7 的所有素数，统计其个数并求出它们的和。

解题思路 遍历 7～1000 之间的整数，对于每个整数 n，执行以下操作：使用另一个

for 循环遍历 2～n−1 之间的整数，如果 n 能被 m 整除(说明 n 不是素数)，则跳出内层循环。如果 n 与 m 相等(说明 n 是素数)，则继续执行以下操作：计算 n 的个位数，如果 temp 等于 7(说明 n 的个位数是 7)，则输出 n，每 5 个素数换一行；之后将 count 加 1；最后将 n 累加到 total 中。循环结束后，输出素数的个数 count 和总和 total。

【答案】 参考程序如下：

```
#include<stdio.h>
int main()
{
    int n,count=0,total=0,m,temp,y;
    for(n=7;n<1000;n++)
    {
        for(m=2;m<n;m++)
            if(n%m==0)   break;
        if(n==m)
        {
            temp=n%10;
            if(temp==7)
            {
                printf("%6d",n);
                if (count%5==4) printf("\n");
                count++;
                total=total+n;
            }
        }
    }
    printf("\ncount=%d,total=%d\n",count,total);
    return 0;
}
```

7. 将 4～100 中的偶数分解成两个素数之和，每个数只取一种分解结果。如 100 可分解为 3 和 97，或 11 和 89，或 17 和 83 等。这里只取第一种分解即可。

解题思路 遍历 4～100 之间的偶数，对于每个偶数 x，执行以下操作：使用另一个 for 循环遍历 2～x/2 之间的整数 a，如果 a 能被 k 整除(说明 a 不是素数)，则跳出内层循环。如果 a 与 k 相等(说明 a 是素数)，则计算 b=x−a 并使用一个 for 循环遍历 2～b 之间的整数 k。如果 b 能被 k 整除(说明 b 不是素数)，则跳出内层循环；如果 b 与 k 相等(说明 b 也是素数)，则输出 x=a+b 的结果，然后将 count 加 1，如果 count 是 3 的倍数，则换行。

【答案】 参考程序如下：

```
#include<stdio.h>
int main()
{
```

```
int x,n,k,a,b,count=0;
for(x=4;x<=100;x=x+2)
{
    for(a=2;a<=(x/2);a++)
    {
        for(k=2;k<a;k++)
            if(a%k==0) break;
        if(a==k)
        {
            b=x-a;
            for(k=2;k<b;k++)
                if(b%k==0)   break;
            if(b==k)
            {
                printf("%3d=%3d+%3d\t",x,a,b);
                count++;   break;
                if (count%3==0)   printf("\n");
            }
        }
    }
}
return 0;
}
```

8. 一个自然数平方的末几位与该数相同时，称该数为同构数。例如，$25^2 = 625$，则 25 为同构数。求出 1～1000 中所有的同构数。

解题思路　遍历 1～1000 之间的整数，对于每个整数 x，计算 x 的平方。判断 x 的平方的末几位是否与 x 相同，具体来说，有以下三种情况：

(1) 如果 x 的平方对 10 取余等于 x，则说明 x 的平方的个位数与 x 相同。

(2) 如果 x 的平方对 100 取余等于 x，则说明 x 的平方的后两位数与 x 相同。

(3) 如果 x 的平方对 1000 取余等于 x，则说明 x 的平方的后三位数与 x 相同。

如果满足以上任意一种情况(说明 x 是一个同构数)，则输出 x 的值。

【答案】　参考程序如下：

```
#include<stdio.h>
main()
{
    int x;
    for(x=1;x<=1000;x++)
        if(x*x%10==x||x*x%100==x||x*x%1000==x)
            printf("%5d",x);
```

```
        printf("\n");
    }
```

9. 某学校 4 位同学中有 1 位做了好事，不留名。表扬信来了之后，校长问这 4 个人是谁做的好事，4 个人的回答如下：

A 说：不是我。

B 说：是 C。

C 说：是 D。

D 说：他胡说。

已知 3 个人说的是真话，1 个人说的是假话，那么做好事者是谁呢？

解题思路   本题可以使用假设法，即逐一假设某个人做了好事，然后检验在每种假设下，哪些人说的是真话，哪些人说的是假话。具体而言，遍历 4 位同学，对于每位同学，执行以下操作：假设当前同学为 thisman，计算 sum 的值，其中 sum 表示当前同学是否做了好事。具体来说，有以下四种情况：

(1) 如果当前同学不是 A，则 sum 加 1。

(2) 如果当前同学是 C，则 sum 加 1。

(3) 如果当前同学是 D，则 sum 加 1。

(4) 如果当前同学不是 D，则 sum 加 1。

如果 sum 等于 3(说明当前同学做了好事)，则输出当前同学的名字。循环结束后，如果没有找到做好事的同学，则输出 "Can't found"。

【答案】   参考程序如下：

```
#include<stdio.h>
int main()
{
    int k=0,sum=0,g=0;
    char thisman=' ';
    for(k=0;k<=3;k++)
    {
        thisman='A'+k;
        sum=(thisman!='A')+(thisman=='C')+(thisman=='D')+(thisman!='D');
        if(sum==3)
        {
            printf("This man is %c\n",thisman);
            g=1;
        }
    }
    if(g!=1)
        printf("Can't found\n");
    return 0;
}
```

10. 打印如下图案:

```
* * * * *                   * * * * *                        *
  * * *                     * * * * *                      * * *
    *                       * * * * *                    * * * * *
  * * *                     * * * * *                  * * * * * * *
* * * * *                   * * * * *                * * * * * * * * *
    图案(1)                      图案(2)                        图案(3)
```

解题思路　对于图案(1),首先通过两层循环输出前三个图形的上半部分。外层循环控制行数,内层循环分为两部分,第一部分输出每行前的空格,第二部分输出每行的星号。然后通过两层循环输出后两个图形的下半部分。同样地,外层循环控制行数,内层循环分为两部分,第一部分输出每行前的空格,第二部分输出每行的星号。

对于图案(2),通过一层循环输出五个图形的每一行。每一行中,先输出一定数量的空格,再输出五个星号。

对于图案(3),通过一层循环输出五个图形的每一行。每一行中,直接输出 $2 \times (i-1) + 1$ 个星号。

【答案】　图案(1)的程序如下:

```c
#include<stdio.h>
int main()
{
    int i,j;
    for(i=1;i<=3;i++)                        //先显示前三行
    {
        for(j=1;j<=i-1;j++)                  //输出每行前的空格
            printf(" ");
        for(j=1;j<=5-2*(i-1);j++)            //输出每行的*号
            printf("*");
        printf("\n");
    }
    for(i=1;i<=2;i++)                        //显示后两行
    {
        for(j=1;j<=2-i;j++)
            printf(" ");
        for(j=1;j<=2*i+1;j++)
            printf("*");
        printf("\n");
    }
    return 0;
}
```

图案(2)的程序如下:

```
#include<stdio.h>
int main()
{
    int i,j,k;
    for(i=1;i<=5;i++)
    {
        for(j=1;j<=5-i;j++)
            printf(" ");
        for(k=1;k<=5;k++)
            printf("*");
        printf("\n");
    }
    return 0;
}
```

图案(3)的程序如下：

```
#include<stdio.h>
int main()
{
    int i,j;
    for(i=1;i<=5;i++)
    {
        for(j=1;j<=2*(i-1)+1;j++)
            printf("*");
        printf("\n");
    }
    return 0;
}
```

4.2　上机实验指导

一、实验目的

(1) 掌握 for 循环结构，并能灵活运用。

(2) 掌握 while 和 do-while 循环结构，并能灵活运用。

(3) 进一步掌握用 while、do-while 和 for 语句实现循环的方法。

(4) 掌握循环的嵌套结构及 continue 和 break 语句，并能合理运用。

二、实验范例

1. 序列计算

试编程计算 $s = 1 - \dfrac{1}{2} + \dfrac{1}{3} - \dfrac{1}{4} + \cdots + \dfrac{1}{99} - \dfrac{1}{100}$。

解题思路　这个序列是一个交错的正负号序列，其中正数项的位置为奇数$(1, 3, 5, \cdots)$，负数项的位置为偶数$(2, 4, 6, \cdots)$。本题可以使用一个循环，从 1 遍历到 100，对于每个数，根据其是奇数还是偶数来决定这一项是加上还是减去它的倒数。

程序如下：

```
/*syfl4_1.c*/
#include<stdio.h>
int main()
{
    int n,flag=1;                  //flag 用于交替加减操作
    double s=0;                    //s 为求和结果
    for(n=1;n<=100;n++)            //循环从 1 到 100
    {
        s=s+1.0/n*flag;           //根据当前 flag 加上或减去 1/n
        flag=-flag;               //反转 flag 的值，实现加减交替
    }
    printf("%6.2f\n",s);          //格式化为两位小数
    return 0;
}
```

2. 二分法求解方程

已知方程 $x + 3\cos x - 1 = 0$ 在$[-2，5]$中有一根，要求精度为 10^{-5}，试用二分法求之。

解题思路　① 输入有根区间两端点 x_0、x_1 和精度。

② 计算 $x = (x_1 + x_0)/2$。

③ 若 $f(x_1) \times f(x) < 0$，则 $x_0 = x$，转到步骤②；否则 $x_1 = x$，转到步骤②。

④ 若$|x_1 - x_0| < 10^{-5}$，则输出根 x，程序结束；否则转到步骤②。

程序如下：

```
/*syfl4_2.c*/
#include <stdio.h>
#include <math.h>
int main()
{
    double x0,x1,x,f1,f;           //x0, x1 定义搜索区间, x 为中点, f1 和 f 为函数值
    x0=-2;                         //初始区间左端点
    x1=5;                          //初始区间右端点
```

```
    do
    {
        x=(x0+x1)/2;                        //计算中点
        f1=x1+3*cos(x1)-1;                  //计算右端点的函数值
        f=x+3*cos(x)-1;                     //计算中点的函数值
        if(f1*f<0)                          //如果 f1 和 f 的乘积为负，表示根在 x 到 x1 之间
            x0=x;                           //更新区间左端点为中点
        else
            x1=x;                           //否则更新区间右端点为中点
    }
    while(fabs(x0-x1)>1e-5);                //当区间的长度小于给定精度时停止
    printf("The equation's root is %f\n",x);
    return 0;
}
```

3. 黑洞数

黑洞数也称为陷阱数，是一类具有奇特转换特性的数。任何一个各位数字不全相同的三位数，经有限次"重排求差"操作，总会得到 495。最后所得的 495 即为三位黑洞数(6174 为四位黑洞数)。所谓"重排求差"操作，即组成该数的数字重排后的最大数减去重排后的最小数。例如，对三位数 207，第 1 次重排求差得 720 − 27 = 693，第 2 次重排求差得 963 − 369 = 594，第 3 次重排求差得 954 − 459 = 495。以后会停留在 495 这一黑洞数。如果三位数的三个数字全相同，一次转换后即为 0。

任意输入一个三位数，编程给出重排求差的过程。

解题思路　首先将输入的三位数分解为个位、十位和百位三个数字。然后利用排序算法(如冒泡排序)对这三个数字进行排序，得到最大可能数和最小可能数。接着计算两者的差值。重复此过程，直到结果为 495 或 0 时停止。

程序如下：

```
/*syf14_3.c*/
#include<stdio.h>
int main()
{
    int a,b,c,d,e,f,n,i=0;
    scanf("%d",&a);                         //输入一个三位数
    do                                      //由于至少运行一次，故用 do-while 循环
    {
        b=a/100;d=a%10;
        c=(a/10)%10;                        //将三位数分解
            while(b<c||c<d)                 //冒泡排序按由大到小的顺序排出
            {
```

```
                    if(b>c) ;
                    else { n=b;b=c;c=n; }
                    if(c>d) ;
                    else{    n=c;c=d;d=n; }
                }
                    i++; //运行的次数
                    e=b*100+c*10+d;
                    f=d*100+c*10+b;
                    a=e-f; //差值
                    printf("%d: %d - %d = %d\n",i,e,f,a);
            }
            while(a!=495&&a!=0);                         //判断条件
            return 0;
    }
```

4. 偶数分解成两素数之和

将 4～100 中的偶数分解成两素数之和(每个数只需求出一种分解方法)。

程序如下：

```
/*syfl4_4.c*/
#include<stdio.h>
int main()
{
    int x,a,b,n;
    for(x=4;x<=100;x=x+2)                //外层循环，遍历所有 4～100 之间的偶数
        for(a=2;a<=x/2;a++)              //遍历所有可能的第一个加数 a(a 为素数)
        {
            for(n=2;n<=a-1;n++)              //检查 a 是否为素数
                if(a%n==0) break;           //如果 a 不是素数，则跳出循环
            if(a==n)                        //如果 a 是素数
            {
                b=x-a;                      //计算第二个加数 b
                for(n=2;n<=b-1;n++)         //检查 b 是否为素数
                    if(b%n==0) break;       //如果 b 不是素数，则跳出循环
                if(b==n)                    //如果 b 也是素数
                {
                    printf("%d=%d+%d\t",x,a,b);     //输出结果，输出一次后退出循环
                    break;
                }
            }
```

```
            }
        return 0;
    }
```

5. 梅森数计算

若 n 使 $2^n - 1$ 为素数，则 n 称为梅森数。求[1，21]范围内有多少个梅森数？最大的梅森数是多少？

程序如下：

```
/*syfl4_5.c*/
#include<stdio.h>
int main()
{
    long int i,j,max,sum=0,s=2,p;
    for(i=2;i<=21;i++)              //主循环从 i=2 到 i=21，用来计算 2^i-1 并检查其是否为素数
    {
        s=s*2;                     //计算 2 的 i 次幂
        p=s-1;                     //计算形如 2^i-1 的梅森数
        for(j=2;j<=p-1;j++)        //内循环检查 p 是否为素数
            if(p%j==0) break;      //如果 p 不是素数，则跳出循环
        if(j==p)                   //如果 p 是素数
        {
            max=i;                 //更新最大的 i，其中 2^i-1 是素数
            sum++;                 //累计素数的数量
            printf("%d\t",i);      //输出梅森数的指数 i
        }
    }
    printf("\nThe number is:%d\n",sum);   //打印梅森数的总数和最大指数
    printf("The max is:%d\n",max);
    return 0;
}
```

6. 高空坠球

皮球从某给定高度自由落下，触地后反弹到原高度的一半，再落下，再反弹，如此反复。问：皮球在第 n 次落地时，在空中一共经过多少距离？第 n 次反弹的高度是多少？

任意给出两个非负整数，分别表示皮球的初始高度和 n，输出皮球第 n 次落地时在空中经过的距离以及第 n 次反弹的高度，保留一位小数。

程序如下：

```
/*syfl4_6.c*/
#include<stdio.h>
int main()
```

```
        {
            int n;
            int i;                          //i 为循环变量
            double a,h;
            scanf("%lf %d",&h,&n);
            a=0;
            if(n==0)                        //第 0 次时经过的距离或反弹的高度都是 0
            {
                a=0;
                h=0;
                printf("%.1f %.1f\n",a,h);
            }
            else
            {
                for(i=1;i<=n;i++)
                {
                    a=a+h;                  //加上落地距离
                    h=0.5*h;                //计算反弹高度
                    a=a+h;                  //加上反弹高度
                }
                a=a-h;              //最后一次计算反弹高度后，多加了 1 个反弹高度，因此要减去
                printf("%.1f %.1f\n", a, h);
            }
            return 0;
        }
```

三、实验任务

分析或编写程序并上机调试通过，然后写出实验报告。

(1) 写出下面程序的运行结果。

程序如下：

```
/*sy4_1.c*/
#include<stdio.h>
int main()
{
    int a,n,count=1;
    long int sn=0,tn=0;
    scanf("%d,%d",&a,&n);
    while(count<=n)
    {
```

```
        tn+=a;
        sn+=tn;
        a*=10;
        count++;
    }
    printf("sn=%ld\n",sn);
    return 0;
}
```

(2) 写出以下程序的输出结果。

程序如下：

```
/*sy4_2.c*/
#include<stdio.h>
int main()
{
    int i,j,k=0,m=0;
    for(i=0;i<2;i++)
    {
        for(j=0;j<3;j++)      k++;
        k-=j;
    }
    m=i+j;
    printf("k=%d,m=%d",k,m);
    return 0;
}
```

(3) 以下程序的功能是：从键盘上输入若干学生的成绩，统计并输出最高成绩和最低成绩，当输入负数时结束输入。请先将正确的语句或表达式填入下画线处，再运行。

程序如下：

```
/*sy4_3.c*/
#include<stdio.h>
int main()
{
    float x,max,min;
    scanf("%f",&x);
    max=x;
    min=x;
    while(_____)
    {
        if(x>max)
                max=x;
```

```
            if(x<min)
                _____;
            scanf("%f",&x);
        }
        printf("Max=%f,Min=%f\n",max,min);
        return 0;
    }
```

(4) 写出下列程序的运行结果。

程序如下：

```
/*sy4_4.c*/
#include<stdio.h>
int main()
{
    int a,b;
    for(a=1,b=1;a<=100;a++)
    {
        if(b>=20) break;
        if(b%3==1)
        {
            b=b+3;
            continue;
        }
        b=b-5;
    }
    printf("%d\n",a);
    return 0;
}
```

(5) 程序填空。以下程序的功能是求 100 以内的正整数中最大的可被 13 整除的数。

程序如下：

```
/*sy4_5.c*/
#include<stdio.h>
int main()
{
    int n;
    for(_____;_____;n--)
        if(n%13==0)    break;
    printf("%d\n",n);
    return 0;
}
```

(6) 求水仙花数。水仙花数是一个三位正整数，其值等于其各个数位的立方之和。

(7) 解决百马百担问题。100 匹马驮 100 担货，已知大马驮 3 担，中马驮 2 担，2 匹小马驮 1 担，问：共有多少种驮法？

(8) 求 $w = 1 + 2^1 + 2^2 + 2^3 + \cdots + 2^{10}$。

(9) 求下列数列的前 20 项：f(0)=0，f(1)=1，f(n)=f(n−1)+f(n−2) (n>1)。

(10) 由三个不同数字构成的三位十进制整数 abc(a 非 0，且 a、b、c 互不相等)，若能被 $(a + b + c)^2$ 除尽，则称 abc 为三味数。如 405 就是三味数。问：最小的三味数是什么？a、b、c 均为偶数的三味数是什么？

(11) 将任意大于 2 的偶数分解成两个素数之和。

(12) 求 3～100 中个位数为 7 的所有素数的个数及这些素数之和。

(13) 求 2～100 中所有的亲密素数对的个数。亲密素数定义：如果 x 为素数，则 x+2 也为素数。

(14) 写出实验报告。实验报告要求如下：

① 写出解决问题的算法思路，并画出程序流程图。

② 根据算法思路或程序流程图编写源程序。

③ 记录源程序在上机调试时出现的各种问题及其解决方法。

④ 总结本次实验的经验与教训。

第5章 数 组

5.1 习题答案与解析

一、选择题

1. 在下列数组定义、初始化或赋值语句中，正确的是(   )。

   A. int a[8]; a[8]=100;   B. int x[5]={1,2,3,4,5,6};

   C. int x[ ]={1,2,3,4,5,6};   D. int n=8; int score[n];

【答案】 C。

【解析】 A 中的引用 a[8]超出了下标范围；B 中初值个数太多；D 中定义数组 score 时，数组长度不是常量表达式。

2. 若已有定义"int i, a[100];"，则下列语句中不正确的是(   )。

   A. for(i=0;i<100;i++) a[i]=i;

   B. for(i=0;i<100;i++) scanf("%d", &a[i]);

   C. scanf("%d", &a);

   D. for(i=0;i<100;i++) scanf("%d", a+i);

【答案】 C。

【解析】 C 对应的语句不正确，因为不能企图通过数组名 a(带参数%d)实现对整个数组的输入。此外数组名代表数组首地址，前面也不用加地址符。

3. 与定义"char c[ ]={"GOOD"};"不等价的是(   )。

   A. char c[ ]={ 'G', 'O', 'O', 'D','\0'};

   B. char c[ ]="GOOD";

   C. char c[4]={"GOOD"};

   D. char c[5]={ 'G', 'O', 'O', 'D', '\0'};

【答案】 C。

【解析】 因为 C 中定义的数组长度不够 5。

4. 若已有定义"char c[8]={"GOOD"};"，则下列语句中不正确的是(   )。

   A. puts(c);

    B. for(i=0; c[i]!='\0'; i++) printf("%c", c[i]);

    C. printf("%s",c);

    D. for(i=0;c[i]!='\0';i++) putchar(c);

【答案】 D。如果 D 中把语句 putchar(c)改成 putchar(c[i])就正确了。

5. 若定义 "a[ ][3]={0,1,2,3,4,5,6,7};",则 a 数组中行的大小是(　　)。

    A. 2　　　　　　　B. 3　　　　　　　C. 4　　　　　　　D. 无确定值

【答案】 B。

【解析】 若数组中行的大小缺省，则可根据初值个数与列的大小进行估算。

6. 以下程序的运行结果是(　　)。

```
#include<stdio.h>
int main()
{
  int i,a[]={1,5,10,9,13,7};
  while (a[i]<=10)
  {
    a[i]+=2; i++;
  }
  for(i=0;i<6;i++)
    printf("%4d ", a[i]);
  return 0;
}
```

    A. 2 7 12 11 13 9　　　　　　　　　　B. 1 7 12 11 13 7

    C. 1 7 12 11 13 9　　　　　　　　　　D. 1 7 12 9 13 7

【答案】 B。

【解析】 由于数组下标从 0 开始，而变量 i 被初始化为 1，因此 while 循环体从数组 a 的第 2 个元素开始执行。又因为 while 的循环条件为 "a[i]<=10"，即数组 a 中第 1 个大于 10 及其之后的元素不被循环体执行，所以程序运行后数组 a 变为{1, 7, 12, 11, 13, 7}。

7. 若执行以下程序段，则其运行结果是(　　)。

```
char c[]={'a', 'b', '\0', 'c', '\0'};
printf("%s\n", c);
```

    A. abc　　　　　　　B. 'a' 'b'　　　　　　　C. abc　　　　　　　D. ab

【答案】 D。

【解析】 输出时遇到第一个 '\0 '字符后，结束输出。

8. 执行下面的程序段后，变量 k 中的值为(　　)。

```
int k=3, s[2]={1};
s[0]=k;
k=s[1]*10;
```

    A. 不定值　　　　　　　B. 33　　　　　　　C. 30　　　　　　　D. 0

【答案】　D。

【解析】　数组 s 在定义时只有部分元素赋初值，没有赋初值的元素会自动置为 0 值。所以 s[1] 的值为 0，k 的值也为 0。

9. 在定义"int a[5][4];"之后对 a 的引用正确的是(　　)。

　　A. a[2][4]　　　　　　B. a[5][0]　　　　　　C. a[0][0]　　　　　　D. a[0,0]

【答案】　C。

【解析】　由于引用数组元素时，下标从 0 开始，所以下标要小于数组长度，因此 A 和 B 不对。而 D 的引用格式不对。

10. 当接收用户输入的含空格的字符串时，应使用函数(　　)。

　　A. scanf()　　　　　　B. gets()　　　　　　C. getchar()　　　　　　D. getc()

【答案】　B。

【解析】　用 scanf() 函数输入字符串时，遇到空格就会认为字符串输入结束；而 gets() 函数不会，它是以回车键作为结束标志。另外，getchar() 函数和 getc() 函数是输入字符的函数，不能输入字符串。

二、程序填空

1. 以下程序用于检查二维数组是否对称(即对所有 i、j 都有 a[i][j]=a[j][i])。

```
#include<stdio.h>
int main()
{
    int a[4][4]={1,2,3,4,2,2,5,6,3,5,3,7,8,6,7,4};
    int i,j,found=0;
    for(j=0;j<4;j++)
    {
        for(i=0;i<4;i++)
            if( [1] )
            {
                found= [2] ;
                break;
            }
        if(found) break;
    }
    if(found) printf("不对称\n");
        else printf("对称\n");
    return 0;
}
```

【答案】　[1] a[i][j]!=a[j][i]，[2] 1。

【解析】 根据分析，空[1]是判断数组中对应位置的元素是否对称的条件。我们希望判断 a[i][j]和 a[j][i]是否相等，即判断 a[i][j] != a[j][i]是否成立。如果不成立，则说明发现了不对称的元素。空[2]表示是否发现了不对称的元素，如果发现了，则需要将 found 设置为 1。

2. 以下程序功能是：输入 5 个整数，并存放在数组中；接着找出最大数与最小数所在的位置，并把两者对调；最后输出调整后的 5 个数。

```c
#include<stdio.h>
int main()
{
    int a[5], t, i, maxi, mini;
    for(i=0;i<5;i++)
        scanf("%d", &a[i]);
    mini=maxi= [3] ;
    for(i=1;i<5;i++)
    {
        if( [4] )mini=i;
        if(a[i]>a[maxi]) [5] ;
    }
    printf("最小数的位置是:%3d\n", mini);
    printf("最大数的位置是:%3d\n", maxi);
    t=a[maxi];
     [6] ;
    a[mini]=t;
    printf("调整后的数为: ");
    for(i=0;i<5;i++)
        printf("%d ",a[i]);
    printf("\n");
    return 0;
}
```

【答案】 [3] 0，[4] a[mini]>a[i]，[5] maxi=i，[6] a[maxi]=a[mini]。

【解析】 根据分析，空[3]表示初始化最大数和最小数的位置。这里将 maxi 和 mini 都设置为同一个任意初始值，以便后续比较，空[3]可以填入任意合法的下标值，如 0。空[4]表示判断是否找到了更小的数。如果当前位置的数比最小数还要小，那么更新 mini 的值，使之为当前位置，以记录新的最小数的位置。因此空[4]应填 a[i] < a[mini]。空[5]表示判断是否找到了更大的数。如果当前位置的数比最大数还要大，那么更新 maxi 的值，使之为当前位置，以记录新的最大数的位置，因此空[5]应填 maxi = i。空[6]表示将最大数和最小数进行对调。这里需要用一个临时变量 t 来存储最大数，然后将最大数位置上的数替换为最小数，再将最小数位置上的数替换为临时变量 t，因此，空[6]应该填入 a[maxi] = a[mini]。

3. 给定 3 × 4 的矩阵，求出其中的最大元素值及其所在的行号和列号。

```
int main()
{
    int i,j,row=0,colum=0,max;
    static int a[3][4]={{1,2,3,4},{9,8,7,6},{10,-10,-4,4}};
     [7] ;
    for(i=0;i<=2;i++)
      for(j=0;j<=3;j++)
      {
         [8]
         [9]
      }
    printf("max=%d,row=%d,colum=%d",max,row,colum);
    return 0;
}
```

【答案】　[7] max=a[0][0]，[8] if (a[i][j]>max)，[9] {max=a[i][j];row=i;colum=j;}。

【解析】　根据分析，空[7]用来初始化最大值，由于题目中未指定矩阵元素的取值范围，所以需要一个合适的初值来和矩阵中的元素进行比较，以便找到真正的最大值。这里选择将 max 初始化为矩阵中的第一个元素，即 max = a[0][0]。空[8]对比矩阵中的元素与当前最大值，如果找到了一个更大的值，就将其更新为新的最大值，并记录其所在的行号和列号，因此，空[8]应该填入 if (a[i][j] > max)。空[9]表示更新当前 max 的值，并记录其所在的行号和列号，因此，空[9]应该填入"max = a[i][j]; row = i; colum = j;"。

4. 以下程序的功能是：从键盘上输入若干个字符(以回车键作为结束)组成一个字符数组，然后输出该字符数组中组成的字符串。

```
#include<stdio.h>
int main()
{
    char str[81];
    int i;
    for(i=0;i<80;i++)
    {
        str[i]=getchar();
        if(str[i]=='\n') break;
    }
    str[i]='\0';
     [10] ;
    while(str[i]!='\0')
      putchar( [11] );
    return 0;
}
```

【答案】 [10] i=0，[11] str[i++]。

【解析】 根据分析，空[10]用来重置循环变量 i，使其指向字符串的开头。由于在循环输入字符时使用了 break 来提前结束循环，所以循环中止时的i变量就是字符串的长度。为了在输出字符串时能够正确地遍历整个字符串，需要将i重新设置为0，以便从字符串的开头进行输出，因此，空[10]应该填入 i = 0。空[11]用来输出字符串中的每一个字符。在循环中，这里使用 while 循环来逐个输出字符串中的字符，直到遇到字符串结束符 '\0' 为止，因此，空[11]应该填入 str[i++]，表示输出当前位置的字符。

三、阅读程序并写出运行结果

1. 写出下列程序的运行结果并分析。

```c
#include<stdio.h>
int main()
{
    static int a[4][5]={{1,2,3,4,0},{2,2,0,0,0},{3,4,5,0,0},{6,0,0,0,0}};
    int j,k;
    for(j=0;j<4;j++)
    {
        for(k=0;k<5;k++)
        {
            if(a[j][k]==0)
                break;
            printf(" %d",a[j][k]);
        }
    }
    printf("\n");
    return 0;
}
```

【答案】 程序运行结果为

1 2 3 4 2 2 3 4 5 6

【解析】 根据分析，该程序的目标是输出二维数组中的每一行的非零元素，并且每行之间换行。它通过在每一行中遇到 0 元素时停止输出来实现这一目标，故输出了每行的非零元素，然后换行。

2. 写出下列程序的运行结果并分析。

```c
#include<stdio.h>
int main()
{
    int a[6][6],i,j;
    for(i=1;i<6;i++)
        for(j=1;j<6;j++)
```

```
        a[i][j]=i*j;
    for(i=1;i<6;i++)
    {
        for(j=1;j<6;j++)
            printf("%-4d",a[i][j]);
        printf("\n");
    }
    return 0;
}
```

【答案】　程序运行结果为

```
1    2    3    4    5
2    4    6    8    10
3    6    9    12   15
4    8    12   16   20
5    10   15   20   25
```

【解析】　根据分析，该程序填充了一个 6×6 的二维数组，内容是每个位置的行数乘以列数的结果，并将其逐行输出。

3. 写出下列程序的运行结果并分析。

```
#include<stdio.h>
int main()
{
    int a[]={1,2,3,4},i,j,s=0;
    j=1;
    for(i=3;i<=0;i--)
    {
        s=s+a[i]*j;
        j=j*10;
    }
    printf("s=%d\n",s);
    return 0;
}
```

【答案】　程序运行结果为

```
s=0
```

【解析】　根据分析，该程序的循环体主要是从数组的最后一个元素开始向前遍历，将数组元素乘以递增的十位数，之后求和。但是，由于循环条件是"i<=0"且循环变量 i 的初值为 3。因此，整个循环体都不会被执行，最终输出的 s 的值是初始化时的 0。

4. 写出下列程序的运行结果并分析。

```
#include<stdio.h>
int main()
```

```
{
    int a[]={0,2,5,8,12,15,23,35,60,65};
    int x=15,i,n=10,m;
    i=n/2+1;
    m=n/2;
    while(m!=0)
    {
        if(x<a[i])
        {
            i=i-m/2-1;
            m=m/2;
        }
        else
            if(x>a[i])
            {
                i=i+m/2+1;
                m=m/2;
            }
            else
                break;
    }
    printf("place=%d",i+1);
    return 0;
}
```

【答案】　程序运行结果为

    place=6

【解析】根据分析,该程序采用二分查找算法在一个有序数组中查找特定元素的位置。它首先计算了数组中间元素的下标,并将数组的一半元素存储在变量中。然后,在一个循环中,它将待查找元素与中间元素进行比较。如果待查找元素小于中间元素,则在数组的前半部分继续查找;如果待查找元素大于中间元素,则在数组的后半部分继续查找;如果待查找元素等于中间元素,则表示找到了目标位置,程序结束。最终,程序输出目标元素的位置。

5. 写出下列程序的运行结果并分析。

```
#include<stdio.h>
int main()
{
    int a[]={1,2,3,4},i,j,s=0;
    j=1;
    for(i=3;i>=0;i--)
```

```
        {
          s=s+a[i]*j; j=j*10;
        }
        printf("s=%d\n",s);
        return 0;
      }
```

【答案】 程序运行结果为

    s=1234

【解析】 根据分析，该程序的目的是计算数组 a 中的元素构成的数字，并将其输出。它通过一个循环从数组的最后一个元素开始逐步向前遍历，并将每个元素乘以一个递增的权值 j，然后将乘积累加到变量 s 中，最后输出变量 s 的值。

6. 写出下列程序的运行结果并分析。

```
      #include<stdio.h>
      int main()
      {
        char str[]={"1a2b3c"};
        int i;
        for(i=0;str[i]!='\0';i++)
          if(str[i]>='0'&&str[i]<='9')
            printf("%c",str[i]);
        printf("\n");
        return 0;
      }
```

【答案】 程序运行结果为

    123

【解析】 根据分析，该程序遍历字符串数组 str 中的每个字符，如果字符是数字字符，则将其输出。最终，该程序输出的是字符串中的数字字符。

四、编程题

1. 从键盘任意输入 20 个整数，统计其中非负数的个数，并计算这些非负数之和。

解题思路 首先，定义一个整型数组 a[20]，用于存储从键盘输入的 20 个整数。然后，使用 for 循环遍历数组 a，并通过 scanf()函数从键盘输入 20 个整数且存储到数组 a 中。接着，再次使用 for 循环遍历数组 a，判断每个元素是否为非负数。如果元素是非负数，则将其累加到 sum 变量中。最后，输出 sum 的值，即非负数之和。

【答案】 参考程序如下：

```
      #include<stdio.h>
      int main()
      {
        int i,sum=0,a[20];
```

```
        for(i=0;i<20;i++)
            scanf("%d",&a[i]);
        for(i=0;i<20;i++)
        {
            if(a[i]<0)
                continue;
            sum+=a[i];
        }
        printf("sum = %d\n",sum);
        return 0;
    }
```

2. 输入 10 个整数，将这 10 个整数按升序排列输出，并且奇数在前，偶数在后。比如，如果输入的 10 个数是 10 9 8 7 6 5 4 3 2 1，则输出 1 3 5 7 9 2 4 6 8 10。

解题思路　首先，定义一个整型数组 a[10]，用于存储从键盘输入的 10 个整数。然后，使用 for 循环遍历数组 a，并通过 scanf()函数从键盘输入 10 个整数且存储到数组 a 中。接着，判断每个元素是否为奇数或偶数，如果元素是奇数则将其存储到数组 a 的前半部分(odd 指向的位置)，如果元素是偶数则将其存储到数组 a 的后半部分(even 指向的位置)。接下来，对数组 a 的前半部分进行冒泡排序，奇数按升序排列，对数组 a 的后半部分进行冒泡排序，偶数按升序排列。最后，输出排好序的数组 a 的所有元素。

【答案】　参考程序如下：

```
        #include<stdio.h>
        int main()
        {
            int i,j,odd=0,even=9,n,t,a[10];
            for(i=0;i<10;i++)
            {
                scanf("%d",&n);
                if(n%2!=0)
                    a[odd++]=n;
                else
                    a[even--]=n;
            }
            for(i=0;i<odd;i++)
            {
                n=i;
                for(j=i+1;j<odd;j++)
                    if(a[j]<a[n])
                        n=j;
                if(n!=i)
```

```
            {
                t=a[i];
                a[i]=a[n];
                a[n]=t;
            }
        }
        for(i=odd;i<=9;i++)
        {
            n=i;
            for(j=i+1;j<10;j++)
                if(a[j]<a[n])
                    n=j;
            if(n!=i)
            {
                t=a[i];
                a[i]=a[n];
                a[n]=t;
            }
        }
        for(i=0;i<10;i++)
            printf("%d ",a[i]);
        printf("\n");
        return 0;
    }
```

3. 用一维数组计算斐波那契数列的前 20 项。斐波那契数列满足：F(0)=1，F(1)=1，F(n) = F(n − 1) + f(n − 2)，n≥2。

解题思路　首先，定义一个整型数组 Fib[20]，用于存储斐波那契数列的前 20 项。然后，将数组 Fib 的第 1 元素和第 2 元素都赋值为 1，即 Fib[0]=1 和 Fib[1]=1。接着，使用 for 循环遍历数组 Fib，从第 3 元素开始计算斐波那契数列的每一项。具体地，对于第 i 元素 (i>=2)，其值为前两项之和，即"Fib[i]=Fib[i-1]+Fib[i-2]"。最后，使用另一个 for 循环遍历数组 Fib，输出 Fib 数组的元素。

【答案】　参考程序如下：

```
#include<stdio.h>
int main()
{
    int i,Fib[20];
    Fib[0]=1;
    Fib[1]=1;
    for(i=2;i<20;i++)
```

```
        Fib[i]=Fib[i-1]+Fib[i-2];
    for(i=0;i<20;i++)
        printf("%5d",Fib[i]);
    return 0;
}
```

4. 将给定 n×n 方阵中的每个元素循环向右移 m 个位置，即将第 0，1，…，n − 1 列变换为第 n − m，n − m + 1，…，n − 1，0，1，…，n − m − 1 列。

解题思路   首先，读取输入的正整数 m 和 n，其中 n 表示方阵的阶数。然后，读取一个 n×n 的方阵，将其存储在一个二维数组中。对于每一行，将该行的元素循环右移 m 个位置。具体做法是，将第 n − m 列到第 n − 1 列的元素输出(即右移后超出最后一列的元素)。然后将第 0 列到第 n − m − 1 列的元素输出(即右移后没有超过最后一列的元素)。需要注意，为了避免当用户输入的移动列数 m 大于矩阵列数时出现问题，程序通过计算 "m = m % n;" 来确保实际移动的列数在矩阵范围内，以实现循环移位的效果。

【答案】   参考程序如下：

```c
#include<stdio.h>
int main()
{
    int arr[6][6]={0};
    int m=0,n=0;
    scanf("%d %d",&m,&n);
    for(int i=0;i<n;i++)
    {
        for(int j=0;j<n;j++)
        {
            scanf("%d",&arr[i][j]);
        }
    }
    m=m%n;                          //这是为了防止 m>n
    for(int i=0;i<n;i++)
    {
        for(int j=n-m;j<n;j++)
        {
            printf("%d ",arr[i][j]);
        }
        for(int j=0;j<n-m;j++)
        {
            printf("%d ",arr[i][j]);
        }
        printf("\n");
    }
```

```
        return 0;
    }
```

5. 编写一个程序,将字符数组 s2 中的全部字符复制到字符数组 s1 中。要求:不用 strcpy() 函数;复制时, '\0' 也要复制过去,但'\0' 后面的字符不复制。

解题思路　首先,定义两个字符数组 s1 和 s2,其中 s2 被初始化为"abcdefg\0hijk"。这里的 '\0' 表示字符的结束符。然后,使用一个无符号整型变量 i 作为循环计数器,其初始值为 0。接下来,采用一个无限循环,将 s2[i]的值赋给 s1[i](即将 s2 中的字符逐个复制到 s1 中)并判断 s2[i]是否等于 '\0',即判断是否遇到了字符串结束符。如果遇到字符串结束符,则跳出循环。如果未遇到字符串结束符,则将计数器 i 加 1,继续复制下一个字符。

【答案】　参考程序如下:

```c
#include<stdio.h>
#define N 80
int main()
{
    char s1[N], s2[N]="abcdefg\0hijk";
    unsigned int i;
    i=0;
    while(1)
    {
        s1[i]=s2[i];
        if(s2[i]=='\0')
            break;
        i++;
    }
    printf("After string copy: %s\n",s1);
    return 0;
}
```

5.2　上机实验指导

一、实验目的

(1) 掌握一维数组的定义、初始化和引用。
(2) 掌握字符数组和常用字符串操作函数的定义与使用。
(3) 掌握二维数组和多维数组的定义、初始化和引用。

二、实验范例

1. 输出两数组中非共有元素
给定两个整型数组,要求找出两数组中非共有的元素。

输入：分别在两行中给出两个整型数组，每行先给出正整数 N(N≤20)，随后是 N 个整数，其间以空格分隔。

输出：在一行中按照数字给出的顺序输出两数组中非共有的元素，数字间以空格分隔，但行末不得有多余的空格。同一数字不重复输出。

程序如下：

```c
/*syfl5_1.c*/
#include<stdio.h>
int main()
{
    int n,a[30]={0},i=0,N,A[30]={0},b[100]={0},j=0,c,flag=0,k=0;
    scanf("%d",&n);                        //输入第一组数据的数量
    for(i=0;i<n;i++)
    {
        scanf("%d",&a[i]);                 //输入第一组数据
    }
    scanf("%d",&N);                        //输入第二组数据的数量
    for(i=0;i<N;i++)
    {
        scanf("%d",&A[i]);                 //输入第二组数据
    }
    for(i=0;i<n;i++)                       //第一次比较，筛选出 a[]中非共有的元素
    {
        c=a[i];
        flag=0;
        for(j=0;j<N;j++)
        {
            if(c==A[j])
            {
                flag=1;
                break;
            }
        }
        if(flag==0)                        //将非共有数据存入 b[]中
        {
            b[k]=c;
            k++;
        }
    }
    for(j=0;j<N;j++)                       //第二次比较，筛选 A[]中非共有的元素
```

```
        {
            c=A[j];
            flag=0;
            for(i=0;i<n;i++)
            {
                if(c==a[i])
                {
                    flag=1;
                    break;
                }
            }
            if(flag==0)                         //将非共有数据存入 b[]中
            {
                b[k]=c;
                k++;
            }
        }
        printf("%d",b[0]);                      //取出第一个数据，方便后续 b[]中的数据自比较
        for(i=1;i<k;i++)                        //自比较，去除重复数据
        {
            flag=0;
            for(j=0;j<i;j++)
            {
                if(b[i]==b[j])
                {
                    flag=1;
                }
            }
            if(flag==0)                         //比较一个，输出一个
            {
                printf(" %d",b[i]);
            }
        }
        return 0;
    }
```

程序一次运行结果为

10 3 -5 2 8 0 3 5 -15 9 100

11 6 4 8 2 6 -5 9 0 100 8 1

3 5 -15 6 4 1

2. 字符转换

输入一个不超过 80 个字符且以回车结束的字符串，提取该字符串中的所有数字字符（'0'，'0'，…，'9'），将其转换为一个整数并输出。

程序如下：

```
/*syfl5_2.c*/
#include<stdio.h>
#include<string.h>
int main()
{
    char str[81]={0};                          //初始化字符数组
    int count=0;                               //初始化计数器
    gets(str);
    for(int i=0;i<81;++i)                      //遍历字符串
    {
        if(str[i]>='0'&&str[i]<='9')           //检查字符是否为数字
        {
            count=count*10+str[i]-'0';         //累加数字值
        }
    }
    printf("%d",count);
    return 0;
}
```

3. 城市名称升序排列

输入多个城市名的拼音，按升序排列输出。

解题思路　城市名的拼音可作为字符串输入。这里采用选择排序的算法，首先用 for 循环找到数组中最小的字符串的位置(存放在 k 中)，如果 k 指向第一个字符串，说明第一个字符串已经是最小的。如果 k 没有指向第一个字符串，则将 k 所指向的字符串与第一个字符串交换位置，使第一个字符串是最小的。也就是说，找到字符串中最小的，使之放在最前。然后，对剩下的字符串进行类似操作，即"找到最小的字符串，使之放在最前"。这样经过 num − 1 次操作后(由 i 来控制)，整个字符串数组便有序了。

程序如下：

```
/*syfl5_3.c*/
#include<stdio.h>
#include<string.h>
#define CITYNUM 10
int main()
{
    int i,j,k,num;
```

```c
    char city[CITYNUM][20];
    char str[80];
    num=0;                          //实际输入的城市数初始化为 0
    for(i=0;i<CITYNUM;i++)          //输入城市名字符串(长度不能超过 19)
    {
        printf("input the name of the %dth city: ",i+1);
        gets(str);                  //输入城市名
        if(str[0]==0)               //若数组元素为空串，表示输入结束
            break;
        if(strlen(str)>19)          //城市名字符串超过 19 时，重输入
        {
            i--;
            continue;
        }
        strcpy(city[i],str);        //将输入的城市名保存到字符串数组中
        num++;                      //实际输入的城市数增 1
    }
    for(i=0;i<num-1;i++)            //选择排序(升序)
    {
        k=i;                        //k 为当前城市名最小的字符串数组的下标，初始化为 i
        for(j=i+1;j<num;j++)        //查找比 city[k]小的字符串的下标，将其放入 k 中
            if(stricmp(city[k],city[j])>0)
                k=j;
        if(k!=i)                    //将最小城市名的字符串 city[k]与 city[i]交换
        {
            strcpy(str,city[i]);
            strcpy(city[i],city[k]);
            strcpy(city[k],str);
        }
    }
    for(i=0;i<num;i++)             //显示排序后的结果
        printf("%s ",city[i]);
    printf("\n");
    return 0;
}
```

程序一次运行结果为

```
input the name of the 1th city: beijing
input the name of the 2th city: tianjing
input the name of the 3th city: shanghai
```

input the name of the 4th city: xianggang

input the name of the 5th city: aomen

input the name of the 6th city: shenzhen

input the name of the 7th city: changsha

input the name of the 8th city: xiangtan

input the name of the 9th city: taibei

input the name of the 10th city: guangzhou

aomen beijing changsha guangzhou shanghai shenzhen taibei tianjing xianggang xiangtan

4. 矩阵转置

从键盘输入一个二维数组 a，然后将该二维数组中行和列的元素互换，并存到另一个

二维数组 b 中。例如 a = $\begin{bmatrix} 1 & 2 & 3 \\ 4 & 5 & 6 \end{bmatrix}$，则 b = $\begin{bmatrix} 1 & 4 \\ 2 & 5 \\ 3 & 6 \end{bmatrix}$。

程序如下：

```
/*syfl5_4.c*/
#include<stdio.h>
#define N 2
#define M 3
int main()
{
    int a[N][M];
    int i,j,b[M][N];                    //定义二维整型数组 a 和 b
    printf("Please input array a:\n");
    for(i=0;i<N;i++)                    //利用双重循环通过键盘给数组 a 赋值
        for(j=0;j<M;j++)
        {
            printf("a[%d][%d]=",i,j);
            scanf("%d",&a[i][j]);
        }
    printf("Array a:\n");
    for(i=0;i<N;i++)                    //利用双重循环输出数组 a 并给数组 b 赋值
    {
        for(j=0;j<M;j++)
        {
            printf("%5d",a[i][j]);
            b[j][i]=a[i][j];
        }
```

```
                printf("\n");
        }
        printf("Array b:\n");
        for(j=0;j<M;j++)                    //利用双重循环输出数组 b 的值
        {
                for(i=0;i<N;i++)
                    printf("%5d",b[j][i]);
                printf("\n");
        }
        return 0;
    }
```

程序一次运行结果为

```
Please input array a:
a[0][0]=1
a[0][1]=2
a[0][2]=3
a[1][0]=4
a[1][1]=5
a[1][2]=6
Array a:
        1   2   3
        4   5   6
Array b:
        1   4
        2   5
        3   6
```

(注：以上 5 行数字左端有 4 个空格。)

5. 矩阵叉乘

编写一程序计算两个矩阵的叉乘，并输出结果。例如：$\mathbf{a} = \begin{bmatrix} 1 & 2 & 3 & 4 \\ 5 & 6 & 7 & 8 \\ 9 & 10 & 11 & 12 \end{bmatrix}$，$\mathbf{b} =$

$\begin{bmatrix} 1 & 2 & 3 \\ 4 & 5 & 6 \\ 7 & 8 & 9 \\ 10 & 11 & 12 \end{bmatrix}$，则 $\mathbf{a} \times \mathbf{b} = \begin{bmatrix} 70 & 80 & 90 \\ 158 & 184 & 210 \\ 246 & 288 & 330 \end{bmatrix}$。

程序如下：

```
/*syfl5_5.c*/
#include<stdio.h>
#define N 3
#define M 4
int main()
{
    int a[N][M],b[M][N];                    //定义二维整型数组 a 和 b
    int i,j,k,s;
    printf("Please input array a:\n");
    for(i=0;i<N;i++)                        //利用双重循环通过键盘给数组 a 赋值
        for(j=0;j<M;j++)
        {
            printf("a[%d][%d]=",i,j);
            scanf("%d",&a[i][j]);
        }
    printf("Please input array b:\n");
    for(i=0;i<M;i++)                        //利用双重循环通过键盘给数组 b 赋值
        for(j=0;j<N;j++)
        {
            printf("b[%d][%d]=",i,j);
            scanf("%d",&b[i][j]);
        }
    printf("Array a:\n");
    for(i=0;i<N;i++)                        //输出数组 a 的值
    {
        for(j=0;j<M;j++)
            printf("%5d",a[i][j]);
        printf("\n");
    }
    printf("Array b:\n");
    for(i=0;i<M;i++)                        //输出数组 b 的值
    {
        for(j=0;j<N;j++)
            printf("%5d",b[i][j]);
        printf("\n");
    }
    printf("The result array is:\n");
    for(i=0;i<N;i++)                        //计算 s = a × b 并输出数组 s 的值
    {
```

```
            for(j=0;j<N;j++)
            {
                    for(k=s=0;k<M;k++)
                        s+=a[i][k]*b[k][j];
                    printf("%5d",s);
            }
            printf("\n");
        }
        return 0;
    }
```

程序一次运行结果为

Please input array a:

a[0][0]=1

a[0][1]=2

a[0][2]=3

a[0][3]=4

a[1][0]=5

a[1][1]=6

a[1][2]=7

a[1][3]=8

a[2][0]=9

a[2][1]=10

a[2][2]=11

a[2][3]=12

Please input array b:

b[0][0]=1

b[0][1]=2

b[0][2]=3

b[1][0]=4

b[1][1]=5

b[1][2]=6

b[2][0]=7

b[2][1]=8

b[2][2]=9

b[3][0]=10

b[3][1]=11

b[3][2]=12

Array a:

1	2	3	4
5	6	7	8
9	10	11	12

Array b:

1	2	3
4	5	6
7	8	9
10	11	12

The result array is:

70	80	90
158	184	210
246	288	330

三、实验任务

编写程序并上机调试通过，然后写出实验报告。

(1) 输入 5 个整数，将其存放在一维数组中，找出最大数与最小数所在的位置，并把两者对调，然后输出调整后的 5 个数。

(2) 输入一字符串，求该字符串的长度，要求：不准用 strlen()函数。

(3) 用简单选择排序算法对 10 个整数排序(从大到小)。

(4) 编写一程序实现两个字符串的连接，要求：不准用 strcat()函数。

(5) 向一个三维数组输入值并输出该数组的全部元素。

(6) 给定 3 × 4 的矩阵，求出其中的最大元素值及其所在的行号和列号。

(7) 写出实验报告，实验报告要求如下：

① 说明采用什么数据结构(如采用的是一维数组或是字符数组，是二维数组或是三维数组)，写出解决问题的算法思路，画出程序流程图。

② 根据算法思路或程序流程图编写源程序。

③ 记录源程序在上机调试时出现的各种问题及其解决办法。

④ 总结本次实验的经验与教训。

第6章 函 数

6.1 习题答案与解析

一、选择题

1. C 语言中函数形参的缺省存储类型是(　　)。
   A. 静态型(static)　　　　　　　　B. 自动型(auto)
   C. 寄存器型(register)　　　　　　D. 外部型(extern)

【答案】 B。

【解析】 在各个函数或复合语句内定义的变量，称为局部变量或自动变量。自动变量用关键字"auto"进行标识，可缺省。

2. 函数调用语句 function((exp1,exp2), 18)中含有的实参个数为(　　)。
   A. 0　　　　　　　B. 1　　　　　　　C. 2　　　　　　D. 3

【答案】 C。

【解析】 调用函数时，实参可以是常量、变量和表达式等，本题中的第一个参数是一个逗号表达式，第二个参数是常量 18。

3. 下面函数返回值的类型是(　　)。

```
square(float x)
{
    return x*x;
}
```

   A. 与参数 x 的类型相同　　　　　B. void
   C. 无法确定　　　　　　　　　　D. int

【答案】 D。

【解析】 当缺省函数类型定义时，系统默认函数类型为 int。

4. C 语言规定，程序中各函数之间(　　)。
   A. 不允许直接递归调用，也不允许间接递归调用
   B. 允许直接递归调用，但不允许间接递归调用
   C. 不允许直接递归调用，但允许间接递归调用

D. 既允许直接递归调用，也允许间接递归调用

【答案】 D。

【解析】 函数的递归调用是指一个函数在它的函数体内直接或间接地调用它自身。因此递归有两种方式：直接递归和间接递归。

5. 一个函数返回值的类型取决于(　　)。

A. return 语句中表达式的类型

B. 调用函数时临时指定

C. 定义函数时指定或缺省的函数类型

D. 调用该函数的主调函数的类型

【答案】 C。

【解析】 函数无返回值，必须定义为 void。函数有返回值，则一般要定义其类型，缺省时系统默认函数类型为 int。

6. 下面叙述中，错误的是(　　)。

A. 函数的定义不能嵌套，但函数调用可以嵌套。

B. 为了提高可读性，编写程序时应该适当使用注释。

C. 变量定义时若省去了存储类型，系统将默认该变量为静态变量。

D. 函数中定义的局部变量的作用域在函数内部。

【答案】 C。

【解析】 变量定义时若省去了存储类型，系统将默认该变量为自动型(auto)变量。

7. 在一个源程序文件中定义的全局变量的有效范围为(　　)。

A. 一个 C 程序的所有源程序文件　　　　B. 该源程序文件的全部范围

C. 从定义点开始到该源程序文件结束　　D. 函数内全部范围

【答案】 C。

【解析】 全局变量的作用域一般是从全局变量定义点开始，直至源程序结束。在定义点之前或别的源程序中要引用该全局变量，则在引用该变量之前，需进行外部变量的引用说明。

8. 某函数在定义时未指明函数返回值类型，且函数中没有 return 语句，现若调用该函数，则正确的说法是(　　)。

A. 没有返回值　　　　　　　　　　　　B. 返回一个用户所希望的值

C. 返回一个系统默认值　　　　　　　　D. 返回一个不确定的值

【答案】 D。

【解析】 若函数无返回值，则必须把函数的类型定义成 void，不能缺省；若函数有返回值，则函数体内至少要有一条 return 语句，函数返回值类型可以缺省；若既没有返回值类型也没有 return 语句，则函数返回值是不确定的。

9. 函数 swap(int x, int y)可实现对 x 和 y 值的交换。在执行如下定义及调用语句后 a 和 b 的值分别为(　　)。

```
int a=10, b=20;
swap(a,b);
```

A. 10 和 10　　　　　　B. 10 和 20　　　　　　C. 20 和 10　　　　　　D. 20 和 20

【答案】　B。

【解析】　本题考查函数参数的值传递。当调用函数时，实参 a 和 b 只是把值传递给形参 x 和 y，其自身的值并没有变化。变化的是 x 和 y 的值发生了交换。

10. 下面叙述错误的是(　　)。

　　A. 在某源程序不同函数中可以使用相同名字的变量

　　B. 函数中的形式参数是局部变量

　　C. 在函数内定义的变量只在本函数范围内有效

　　D. 在函数内的复合语句中定义的变量在本函数范围内有效

【答案】　D。

【解析】　在函数内的复合语句中定义的变量只在该复合语句中有效。

11. 数组名作为参数传递给函数时，实际参数的数组名被处理为(　　)。

　　A. 该数组长度　　　　　　　　　　B. 该数组元素个数

　　C. 该函数中各元素的值　　　　　　D. 该数组的首地址

【答案】　D。

【解析】　数组名作实际参数，传递的是数组首地址，从而使形参数组共享实参数组的内存。

二、程序填空

1. 求 s = 1! + 2! + 3! + ⋯ + 10!。

程序如下：

```
#include<stdio.h>
long int factorial(int n)
{
    int k=1;   long int p=1;
    for(k=1; k<=n; k++)
        ___[1]___;
    return p;
}
int main()
{
    int n;
    float sum=0;
    for(n=1;n<=10;n++)
        __[2]__;
    printf("%6.3f\n",sum);
    return 0;
}
```

【答案】　[1] p=p*k，[2] sum=sum+factorial(n)。

【解析】　根据分析可知：空[1]是要实现求某个数的阶乘值，故应填 p=p*k；而空[2]

要实现把各个阶乘值累加起来，故应填 sum=sum+factorial(n)。

2. 以下函数用于求 x 的 y 次方(y 为正整数)。

```
double fun(double x, int y)
{
    int i;
    double m=1;
    for ( i=1; i__[3]__; i++ )
        m=__[4]__;
    return m;
}
```

【答案】　[3] <=y 或<y+1，[4] m*x。

【解析】　根据分析可知：空[3]是循环条件，可填<=y 或<y+1；空[4]要实现 y 个 x 的连乘，故应填 m*x。

3. 下面定义了一个函数 pi()，其功能是根据 $\dfrac{\pi^2}{6}=1+\dfrac{1}{2^2}+\dfrac{1}{3^2}+\cdots+\dfrac{1}{n^2}$ 来求 π 值。

函数定义如下：

```
#include<stdio.h>
#include<math.h>
double pi(long n)
{
    double s=__[5]__;
    long k;
    for(k=1; k<=n; k++)
        s=s+____[6]__;
    return (__[7]__);
}
```

【答案】　[5] 0，[6] 1.0/(k*k)，[7] sqrt(6*s)。

【解析】　根据分析可知：空[5]是要定义 s 的初值，可填 0；空[6]是要对公式中每一项进行累加，应填 1.0/(k*k)；空[7]是要根据公式右边的值来求 π 的值，应填 sqrt(6*s)。

4. 下面函数用于确定给定字符串的长度。

函数定义如下：

```
strlen(char s[ ])
{
    int i=0;
    while(__[8]__)
        ++i;
    return (__[9]__);
}
```

【答案】　[8] s[i]!='\0'，[9] i。

【解析】 根据分析可知：空[8]是 while 循环的条件，需要检查当前字符是否为字符串的结尾，应填 s[i] != '\0'；空[9]在返回语句中，希望返回字符串的长度，由于在 while 循环中使用了一个计数器 i 来统计字符数，所以应该返回 i，即空[9]填 i。

三、阅读程序并写出运行结果

1. 写出下面程序运行的结果并分析。

```
#include<stdio.h>
#define MAX_COUNT 4
void fun();
int main()
{
    int n;
    for(n=1; n<=MAX_COUNT; n++)
        fun();
    return 0;
}
void fun()
{
    static int k;
    k=k+2;
    printf("%d,", k);
}
```

【答案】 程序运行结果为

2,4,6,8,

【解析】 该程序的关键在于理解静态变量 k，它在 fun() 函数中被定义。每次调用 fun() 函数时，k 的值都会增加 2，并保持在函数调用之间的状态。因此，随着循环的进行，每次调用 fun() 函数都会输出 k 的当前值，这个值是不断增加的。

2. 写出下面程序运行的结果并分析。

```
#include<stdio.h>
int fun(int x)
{
    int s;
    if(x==0||x==1)
        return 3;
    s=x-fun(x-3);
    return s;
}
int main()
{
```

```
        printf("%d\n", fun(3));
        return 0;
    }
```

【答案】 程序运行结果为

　　0

【解析】 根据分析，首先 main()函数调用 fun(3)，在 fun()函数中，输入参数 x 的值为3，不是 0 或 1，所以程序继续执行。在 fun()函数中，根据递归调用 fun(x-3)，需要计算 fun(0)的值。当 x 的值为 0 时，条件 x == 0 || x == 1 成立，所以 fun(0)返回 3。接着，回到原始调用的 fun(3)，计算 s = 3 - fun(0) = 3 - 3 = 0。fun(3)返回值为 0。最后，在 main()函数中，输出 fun(3)的返回值，即 0。

3. 写出下面程序运行的结果并分析。

```c
#include<stdio.h>
unsigned int fun(unsigned num)
{
    unsigned int k=1;
    do
    {
        k=k*num%10;
        num=num/10;
    }while(num);
    return k;
}
int main()
{
    unsigned n=25;
    printf("%u\n", fun(n));
    return 0;
}
```

【答案】 程序运行结果为

　　0

【解析】 该程序定义了一个函数 fun()，它接收一个无符号整数 num 作为参数，并计算该数的各个数字之积。在 main()函数中调用 fun()函数，传入参数 25，并打印出 fun()的返回值。在 fun()函数中，通过循环迭代计算数字的乘积，每次迭代将 num 的个位数字乘以 k，并将结果对 10 取模后更新 k 的值，然后将 num 除以 10，以便处理下一个数字。当 num 的值为 0 时，循环结束。

4. 写出下面程序运行的结果并分析。

```c
#include<stdio.h>
int fun(int x, int y)
{
```

```
static int m=0, n=2;

n+=m+1;

m=n+x+y;

return m;

}
int main()

{

int j=4, m=1, k;

k=fun(j, m);

printf("%d,", k);

k=fun(j,m);

printf("%d\n", k);

return 0;

}
```

【答案】　程序运行结果为

8,17

【解析】　该程序定义了一个函数 fun()，接收两个参数并返回一个整数值。在 main()
函数中调用了两次 fun()函数，每次输出 fun()函数的返回值。main()函数中的静态变量保留
了函数调用之前的状态，所以每次调用都会更新这些变量的值。

5. 写出下面程序运行的结果并分析。

```
#include<stdio.h>
void t(int x, int y, int p, int q)

{

p=x*x+y*y;

q=x*x-y*y;

}
int main()

{

int a=4, b=3, c=5, d=6;

t(a, b, c, d);

printf("%d, %d\n", c, d);

return 0;

}
```

【答案】　程序运行结果为

5,6

【解析】　该程序先定义了一个函数 t()，计算了两个变量的平方和与平方差。然后在
main() 函数中调用了这个函数，但因为参数传递是按值传递的，所以 t()函数内的修改不会
影响 main()函数中的变量。

四、编程题

1. 定义一个函数，从键盘输入一整数，如果该整数为素数，则返回 1，否则返回 0。

解题思路   定义一个函数 fun()，用于判断输入的整数 x 是否为素数。在函数中，使用一个循环从 2 到 x − 1 遍历所有可能的除数。对于每个除数 n，如果 x 能够被 n 整除，则说明 x 不是素数，返回 0。如果循环结束后都没有找到能够整除 x 的除数，说明 x 是素数，返回 1。在主函数 main()中，首先使用 scanf()函数从键盘输入一个整数 x。然后调用 fun 函数判断 x 是否为素数。如果返回值为 1，则输出"x is a prime number!"，否则输出"x is not a prime number!"。

【答案】   参考程序如下：

```c
#include<stdio.h>
int fun(int x)
{
    int n;
    for(n=2;n<x;n++)
        if(x%n==0) return 0;
    return 1;
}
int main()
{
    int x;
    scanf("%d",&x);
    if(fun(x))    printf("%d is a prime number!\n",x);
    else    printf("%d is not a prime number!\n",x);
    return 0;
}
```

2. 定义函数 change(x,r)，将十进制整数 x 转换成 r(1<r<10)进制数后输出。

解题思路   定义转换函数 change()，该函数接收两个参数。在函数 change()内部，使用循环来逐步完成转换过程。x 变成 0，意味着十进制数已完全转换为 r 进制。在每次循环中，首先，通过计算 temp = x % r 得到 x 除以 r 的余数，该余数代表了当前位的 r 进制数的值。然后，通过 printf()函数逆序输出当前的余数 temp，模拟动态显示转换过程中的每一位。接着，计算结果 result。为了将每一位正确放置到 r 进制数的对应位置上，使用"temp * pow(10, count++)"。这里，pow(10, count++)生成了一个 10 的幂次，用于将当前位的值左移相应的位置。最后，更新 x 的值，使之为 x / r，以便进行下一位的转换。

【答案】   参考程序如下：

```c
#include<stdio.h>
#include<math.h>
int change(int x,int r)
{
```

```
        int temp,result=0,count=0;
        do
        {
            temp=x%r;
            printf("%d\n",temp);                          /*结果的逆序输出*/
            result=result+temp*pow(10,count++);
            x=x/r;
        }while(x);
        return result;
    }
    int main()
    {
        int X,R;
        scanf("%d,%d",&X,&R);
        printf("十进制整数%d 转换成%d 进制数为:%d",X,R,change(X,R));
        return 0;
    }
```

3. 求 1000 以内的亲密数对。亲密数对的定义为：若正整数 a 的所有因子(不包括 a 本身)之和为 b，b 的所有因子(不包括 b 本身)之和为 a，且 a≠b，则称 a 与 b 为亲密数对。

解题思路　定义一个函数 fun(int x)，用于计算正整数 x 的所有因子之和。在 main()函数中，先使用 for 循环遍历 1 到 1000 之间的所有整数 a。对于每个整数 a，调用 fun(a)计算其所有因子之和，并将结果赋值给 b。接着判断 b 是否满足亲密数对的条件，即 b 的所有因子之和等于 a，且 a 不等于 b。如果满足条件，则输出 a 和 b。

【**答案**】　参考程序如下：

```
    #include<stdio.h>
    int fun(int x)
    {
        int n,s=0;
        for(n=1;n<x;n++)
            if(x%n==0)    s=s+n;
        return    s;
    }
    int main()
    {
        int n,a,b;
        for(a=1;a<=1000;a++)
        {
            b=fun(a);
            if(fun(b)==a&&a!=b)    printf("%d,%d\n",a,b);
```

```
    }
    return 0;
}
```

4. 试用递归的方法编写一个返回长整型值的函数，以计算斐波那契数列的前 20 项。该数列满足：F(0) = 1，F(1) = 1，F(n) = F(n − 1) + F(n − 2)，n≥2。

解题思路　定义 Fibonacci()函数，该函数接收一个整数 n 作为参数，并返回一个长整型值。函数用于计算斐波那契数列的第 n 项。在 Fibonacci()函数中，首先判断 n 的值。如果 n 等于 0 或 1，那么直接返回 n；否则，递归地调用 Fibonacci()函数计算 F(n − 1)和 F(n − 2)，并将它们相加得到 F(n)。在 main()函数中，使用一个 for 循环遍历 1 到 20 之间的整数。对于每个整数 n，调用 Fibonacci()函数计算斐波那契数列的第 n 项，并将结果输出。

【答案】　参考程序如下：

```c
#include<stdio.h>
long int Fibonacci(int n)
{
    long int p;
    if(n==0||n==1)   p=n;
    else p=Fibonacci(n-1)+ Fibonacci(n-2);
    return p;
}
int main()
{
    int n;
    for(n=1;n<=20;n++)
    {
        printf("%8ld",Fibonacci(n));
        if((n+1)%8==0)   printf("\n");
    }
    return 0;
}
```

5. 如果一个数等于其所有真因子(不包括其本身)之和，则该数为完数，例如 6 的因子有 1、2、3，且 6 = 1 + 2 + 3，故 6 为完数。求 2～1000 中的完数。

解题思路　定义函数 IsWanshu()，该函数接收一个整数 n 作为参数，并返回一个整型值。该函数用于判断一个数是否为完数。在 IsWanshu()函数中，首先定义两个变量 k 和 s，其中 k 用于遍历 1 到 n − 1 之间的整数，s 用于累加 n 的所有真因子之和。然后使用 for 循环遍历 1 到 n − 1 之间的整数，如果 n 能被 k 整除，则将 k 累加到 s 中。最后判断 s 是否等于 n，如果相等，则返回 1，表示 n 是完数；否则返回 0，表示 n 不是完数。在 main()函数中，使用 for 循环遍历 2 到 1000 之间的整数。对于每个整数 i，调用 IsWanshu()函数判断其是否为完数。如果它是完数，则输出该数，并将计数器 j 加 1。

【答案】　参考程序如下：

```
#include<stdio.h>
int IsWanshu(int n)
{
    int k,s=0;
    for(k=1;k<n;k++)
        if(n%k==0)    s=s+k;
    if(s==n)
        return 1;
    else
        return 0;
}
int main()
{
    int i,j=0;
    for(i=2;i<=1000;i++)
    {
        if(IsWanshu(i))
        {
            printf("%5d",i);
            j=j+1;
            if(j%5==0)    printf("\n");
        }
    }
    return 0;
}
```

6. 用简单选择排序算法对 10 个整数排序(从大到小)。简单选择排序思路为：首先从 n 个整数中选出最大的整数，将它交换到第一个元素位置，再从剩余的 n − 1 个整数中选出次大的整数，将它交换到第二个元素位置，重复上述操作 n − 1 次后，排序结束。

【答案】　参考程序如下：

```
#include<stdio.h>
#define N 10
void smp_selesort(int r[ ],int n)            /*简单选择排序*/
{   int i,j,k;   int temp;
    for(i=0;i<n-1;i++)
    {
        for(j=i+1;j<n;j++)
            if(r[i]<r[j])
            {
                temp=r[i];
```

```
                    r[i]=r[j];
                    r[j]=temp;
                }
            }
        }
    int main()
    {
        int i,a[N];
        printf("请输入%d 个整数:\n",N);
        for(i=0;i<N;i++)
            scanf("%d",&a[i]);
        smp_selesort(a,N);                      /*调用排序函数*/
        printf("排序后的输出为:\n");
        for(i=0;i<N;i++)    printf("%5d",a[i]);
        return 0;
    }
```

7. 编写一个把字符串(由数字字符、小数点、正号或负号组成)转换成浮点数的函数。

解题思路　定义函数 StrToDouble()接收一个字符数组作为参数。初始化变量 flag 用于标记数值的正负性，初始值为 0 表示正数，遇到 '-' 时变为 1，表示负数。i 作为循环计数器，用于遍历字符串中的每个字符。decimal 作为小数点标志，默认为 0，当遇到小数点('.')时置为 1。n1 和 n2 分别用于累积整数部分和小数部分的值。m 初始化为 0.1，用于计算小数部分，每次循环都会除以 10，以实现小数点后每一位的正确位置。遍历字符串，遇到 '-' 时，设置 flag 为 1，表示负数，遇到 '+' 时，重置 flag 为 0，表示正数。遇到小数点('.')时，将 decimal 置为 1，表示接下来的字符应计入小数部分。如果 decimal 为 0，说明当前处理的是整数部分，因此累加字符代表的数字到 n1。如果 decimal 为 1，说明当前处理的是小数部分，将字符代表的数字乘以当前的 m 值后累加到 n2 中，并在每次累加后将 m 除以 10，以便处理下一位小数。计算最终结果，将 n1 和 n2 相加以得到完整的浮点数值。如果 flag 为 1，表示原字符串表示的是负数，因此将结果 n 变为其相反数。

【答案】　参考程序如下:

```
#include<stdio.h>
double StrToDouble(char s[ ])                    /*数字字符串转换成双精度浮点数的函数*/
{
    int flag=0,i=0,j,decimal=0;
    double n,n1=0,n2=0,m=0.1;
    for(;s[i]!='\0';i++)
    {
        if (s[i]=='-') flag=1;                       /*判断数的正负，－ 表示负数*/
        else if (s[i]=='+') flag=0;                  /*判断数的正负，+表示正数*/
            else if (s[i]=='.') decimal=1;           /*遇到小数点，置小数标志为 1*/
```

```
                  else if (decimal==0) n1=n1*10+(s[i]-'0');         /*整数部分的计算*/
                       else {n2=n2+(s[i]-'0')*m;m=m/10;}            /*小数部分的计算*/
          }
          n=n1+n2;
          if (flag==1)    n=-n;
          return (n);
    }
    int main()
    {
          double num;
          char str[ ]="432.9238";
          num=StrToDouble(str);
          printf("由字符串\"%s\"转换成的浮点数为%f\n",str,num);
          return 0;
    }
```

6.2　上机实验指导

一、实验目的

(1) 掌握函数的定义方法、函数的类型和返回值。

(2) 掌握库函数及自定义函数的正确调用。

(3) 掌握函数形参与实参的参数传递关系。

(4) 掌握数组在用作函数参数时的合理运用。

(5) 掌握递归函数与嵌套函数的定义与调用。

(6) 掌握 C 语言程序中主调函数和被调函数之间进行数据传递的规则。

(7) 掌握局部变量和全局变量的作用域。

(8) 掌握静态变量的作用域及使用。

二、实验范例

1. 函数调用与参数传递

跟踪调试以下程序(注意函数调用过程中形参和实参的关系):

```
/*syfl6_1.c*/
#include<stdio.h>
int main()
{
    int t,x=2,y=5;
```

```
        void swap(int ,int);
        printf("(1) in main:x=%d,y=%d\n",x,y);
        swap(x,y);
        printf("(4) in main:x=%d,y=%d\n",x,y);
        return 0;
    }
    void swap(int a,int b)
    {
        int t;
        printf("(2) in swap:a=%d,b=%d\n",a,b);
        t=a;a=b;b=t;
        printf("(3) in swap:a=%d,b=%d\n",a,b);
    }
```

2. 密码检测

编写一个密码检测程序，程序执行时，要求用户输入密码(标准密码预先设定)，然后通过字符串比较函数比较输入密码和标准密码是否一致。若一致，则显示"口令正确"并转去执行后继程序；若不一致，重新输入，3 次输入都不一致则终止程序的执行。（要求编写一个字符串比较函数，而不使用 strcmp()函数）

程序如下：

```
/*syfl6_2.c*/
#include<stdio.h>
#include <conio.h>
#include <stdlib.h>
int strcompare(char str1[],char str2[])        //对两个字符串进行比较的函数
{
    int i=0;
    while(str1[i]==str2[i] && str1[i]!=0 && str2[i]!=0)
            i++;
    return str1[i]-str2[i];
}
int main()
{
    char password[20]="my password";          //定义字符数组 password 存放原始密码
    char input_pass[80];
    int i=0;
    while(1)
    {
        printf("请输入密码\n");
```

```
        gets(input_pass);                       //输入密码
        if(strcompare(input_pass,password)!=0)
            printf("口令错误,按任意键继续!\n");
        else
            break;                              //输入正确的密码,跳出循环
        getchar();
        i++;
        if(i==3) exit(0);                       //输入 3 次错误的密码,退出程序
    }
    printf("恭喜,您输入的口令正确!");            //跳出 while 循环后,执行此语句
    return 0;
}
```

3. 递归求和序列

用递归函数求 $s = 1/(1 \times 2) + 1/(2 \times 3) + \ldots + 1/(n \times (n + 1))$。

程序如下:

```
/*syfl6_3.c*/
#include<stdio.h>
float fun(int n)
{
    float s;
    if(n==1) s=0.5;
    else s=fun(n-1)+1.0/n/(n+1);
    return s;
}
int main()
{
    int n;
    scanf("%d",&n);
    printf("%f\n",fun(n));
    return 0;
}
```

4. 嵌套求解三个数的极差

计算三个数中最大数与最小数的差。

程序如下:

```
/*syfl6_4.c*/
#include<stdio.h>
int dif(int x,int y,int z);
int max(int x,int y,int z);
```

```
int min(int x,int y,int z);
int main()
{
    int a,b,c,d;
    scanf("%d%d%d",&a,&b,&c);
    d=dif(a,b,c);
    printf("Max - Min = %d\n",d);
    return 0;
}
int dif(int x,int y,int z)                          //求三个数中的最大值与最小值的差
{
    return(max(x,y,z)-min(x,y,z));
}
int max(int x,int y,int z)                          //求三个数中的最大值
{
    int r;
    r=x>y?x:y;
    return(r>z?r:z);
}
int min(int x,int y,int z)                          //求三个数中的最小值
{
    int r;
    r=x<y?x:y;
    return(r<z?r:z);
}
```

5. 近似求解自然常数 e

自然常数 e 可以用级数 $1 + 1/1! + 1/2! + \cdots + 1/n! + \cdots$ 来近似计算。要求对给定的非负整数 n，求该级数的前 n+1 项和，输出结果保留小数点后 8 位。

程序如下：

```
/*syfl6_5.c*/
#include<stdio.h>
double fact(int n);
int main(void)
{
    int i,n;
    double sum;
    scanf("%d",&n);
    sum=1;                                          //sum 初始化为 1
```

```
        for(i=1;i<=n;i++)
        {
            sum+=1.0/fact(i);                    //累加每项的倒数
        }
        printf("%f\n",sum);                      //输出求和结果
        return 0;
    }
    double fact(int n)                           //定义计算阶乘的函数
    {
        int i;
        double m=1;                              //m 初始化为 1，用于计算 n!
        for(i=1;i<=n;i++)
        {
            m*=i;                                //累乘求阶乘
        }
        return m;                                //返回阶乘结果
    }
```

6. 全局与局部变量作用域

分析下列程序的运行结果。

```
/*syfl6_6.c*/
#include<stdio.h>
void num()
{
    extern int x,y;
    int a=15,b=10;
    x=a-b;
    y=a+b;
}
int x,y;
int main()
{
    int a=7,b=5;
    x=a+b;
    y=a-b;
    num();
    printf("%d,%d\n",x,y);
    return 0;
}
```

程序运行正确的结果为"5,25"。

根据上述程序的运行结果，对如下问题进行思考，并分析其结果。

① 如果在 num 函数中第 2 行不加上 extern 前缀，其结果如何呢?(提示：函数 num 内定义的是局部变量 x、y，其作用域范围为函数 num 内部，与 main 函数中用的全局变量 x、y 无关，故输出结果是"12,2"

② 如果在 num 函数中第 2 行不加上 extern 前缀，而是在程序文件的顶部定义全局变量"int x,y;"，其结果又如何?(提示：输出结果仍是"12,2"。因为此时虽然全局变量 x、y 的作用域是整个文件，但注意到当局部变量和全局变量在同一模块发生作用时，同名全局变量将被屏蔽而不起作用)

三、实验任务

分析或编写程序并上机调试通过，然后写出实验报告。

(1) 编写一个求级数前 n 项和的函数，即计算 S = 1 + (1 + 3) + (1 + 3 + 5) + ⋯ + (1 + 3 + 5 + ⋯ + (2n − 1))。

(2) 编写函数求 x!，实现求 m!/n!/(m − n)!。

(3) 编写两个函数，分别求两个整数的最大公约数和最小公倍数，且用主函数调用这两个函数并输出结果。两个整数在主函数中从键盘输入。

(4) 定义一个函数，判断数 x 是否为回文数，如果是则返回 1，否则返回 0。在主函数中调用该函数，求 1~10 000 的回文数的个数。

(5) 用函数求 s = 1/n + 1/(n + 1) + 1/(n + 2) + ⋯ + 1/m 之和。其中 n<m，且 n、m 的值在主函数中从键盘输入。

(6) 从键盘输入"ABCDEFG?"，分析下述程序的运行结果，然后上机验证。

程序如下：

```
/*sy6_6.c*/
#include<stdio.h>
void string()
{
    char ch;
    ch=getchar();
    if(ch!='?')   string();
    putchar(ch);
}
int main()
{
    string();
    return 0;
}
```

(7) 编写计算 x 的 y 次幂的递归函数 getpower(int x,int y)，并编写主程序进行测试。注意 x、y 是有符号整型变量，测试时要测试 x 或 y 的值为负整数时的情况。

(8) 使用递归的方法计算下列多项式。多项式的递归定义如下：

$$P_n(x) = \begin{cases} 1 & n = 0 \\ x & n = 1 \\ ((2n-1)xP_{n-1}(x) - (n-1)P_{n-2}(x))/n & n > 1 \end{cases}$$

(9) 写出下列程序的运行结果：

```c
/*sy6_9.c*/
#include<stdio.h>
func(int a,int b)
{
    static int m=0,i=2;
    i+=m+1;
    m=i+a+b;
    return m;
}
int main()
{
    int k=4,m=1,p;
    p=func(k,m);
    printf("%d,",p);
    p=func(k,m);
    printf("%d,",p);
    return 0;
}
```

(10) 写出下列程序的运行结果。

```c
/*sy6_10.c*/
#include   <stdio.h>
int d=1;
void fun(int p)
{
    int d=5;
    d+=p++;
    printf("%d\n",d);
}
int main()
{
    int a=3;
    fun(a);
```

```
        d+=a++;
        printf("%d\n",d);
        return 0;
    }
```

(11) 写出下列程序的运行结果。

```
/*sy6_11.c*/
#include<stdio.h>
#define    PT 5.5
#define    S(x)    PT*x*x
int main()
{
    int a=1,b=2;
    printf("%4.1f\n",S(a+b));
    return 0;
}
```

(12) 写出下列程序的运行结果。

```
/*sy6_12.c*/
#include<stdio.h>
int d=1;
int fun(int p)
{
    static int d=5;
    d+=5;
    printf("%d\n",d);
    return d;
}
int main()
{
    int a=3;
    printf("%d\n",fun(a+fun(d)));
    return 0;
}
```

(13) 利用静态局部变量，用函数求 s = 1 + 2 + 3 + ⋯ + 100。

(14) 写出实验报告。实验报告要求如下：

① 写出解决问题的算法思路，画出程序流程图。

② 根据算法思路或程序流程图编写源程序。

③ 记录源程序在上机调试时出现的各种问题及其解决方法。

④ 总结本次实验的经验与教训。

第7章 指 针

7.1 习题答案与解析

一、选择题

1. 若已定义 "int a=8,*p=&a;"，则下列表达式中不正确的是(   )。

    A. *p=a=8   B. p=&a   C. *&a=*p   D. *&a=&*a

【答案】 D。

【解析】 &*a 用法错误。对于 "*&a"，首先应用取地址运算符，得到 a 的地址，然后将该地址引用为 a 的值，因此，*&a 的结果应该是 a 的值，即 8。而 "&*a" 的含义是将*a 的值作为地址，然后将该地址赋值给左侧的指针。这是不正确的，因为*a 是一个整数，不是有效的内存地址，不能将它作为地址赋值给指针。

2. 若已定义 "short a[2]={8,10},*p=&a[0];"，假设 a[0]的地址为 2000，则执行 "p++;" 后，指针 p 的值为(   )。

    A. 2000   B. 2001   C. 2002   D. 2003

【答案】 C。

【解析】 在定义中，p 是一个指向 short 类型的指针，初始指向 a[0]的地址。假设 a[0]的地址为 2000，那么 p 的初始值为 2000。当执行 "p++;" 后，指针 p 会增加指向的类型的大小。在这种情况下，p 是一个指向 short 类型的指针，short 类型的大小通常是 2 个字节。因此，p++ 将使 p 的值增加 2，即 p 的值将变为 2002。

3. 若已定义 "int a[8]={0,2,3,4,5,6,7,8 };*p=a;"，则下列表达式中不能表示数组第二个元素 "2" 的是(   )。

    A. a[1]   B. p[1]   C. *p+1   D. *(p+1)

【答案】 C。

【解析】 在给定的定义中，*p=a 将数组 a 的第一个元素的值 0 赋给指针 p 引用后的位置，即 p[0]，因此 p[0]的值是 0。要表示数组的第二个元素 "2"，可以使用 a[1]、p[1] 或*(p+1)。a[1]表示数组 a 的第二个元素，其值为 2。p[1]表示指针 p 后移一个位置的值，即数组 a 的第二个元素，其值为 2。*(p+1)表示指针 p 加 1 后引用的值，即数组 a 的第二个元素，其值为 2。而*p+1 表示指针 p 引用后的值加上 1，并不表示数组的某个元素。

4. 若已定义"int a,*p=&a,**q=&p;"，则下列表达式中不能表示变量 a 的是(　　)。

　　A. *&a　　　　　　B. *p　　　　　　C. *q　　　　　　D. **q

【答案】　C。

【解析】　q 是二级指针，引用变量 a 只能是**q，而不是*q，因此，本题答案为 C。A 选项中，&a 表示 a 的值，其中*和&互相抵消，最终得到 a 本身的值。B 选项中，*p 表示指针 p 所指向的值，即 a 的值。D 选项中，**q 表示指针 q 所指向的指针的值，即 p 的值，而 p 是指向 a 的指针，因此，**q 可以表示变量 a。

5. 设已定义语句"int *p[10],(*q)[10];"，其中的 p 和 q 分别是(　　)。

① 10 个指向整型变量的指针

② 一个指向具有 10 个元素的一维数组的指针

③ 指向具有 10 个整型变量的函数指针

④ 具有 10 个指针元素的一维数组

　　A. ②、①　　　　　B. ①、②　　　　　C. ③、④　　　　　D. ④、③

【答案】　D。

【解析】　p 是一个具有 10 个指针元素的一维数组，每个元素都是指向整型变量的指针，④的描述是正确的，即 p 是具有 10 个指针元素的一维数组。q 是一个指向具有 10 个元素的一维数组的指针，每个元素都是整型变量，因此③的描述是正确的，即 q 是一个指向具有 10 个元素的一维数组的指针。

6. 若已定义"int a[2][4]={{80,81,82,83},{84,85,86,87}},(*p)[4]=a;"，则执行"p++;"后**p 代表的元素是(　　)。

　　A. 80　　　　　　B. 81　　　　　　C. 84　　　　　　D. 85

【答案】　C。

【解析】　p 是一个指向具有 4 个整型元素的数组的指针。通过"(*p)[4] = a;"将 a 的地址赋值给了 p，即 p 指向数组 a。执行"p++;"后，p 的值将增加，并指向下一个具有 4 个整型元素的数组，即 p 现在指向 a[1]。因此，**p 代表的元素是 a[1][0]。根据给定的数组初始化，a[1][0]的值为 84，所以**p 代表的元素是 84。

7. 执行语句"char a[10]={"abcd"};*p=a;"后，*(p+4)的值是(　　)。

　　A. "abcd"　　　　　B. '\0'　　　　　C. 'd'　　　　　D. 不能确定

【答案】　B。

【解析】　字符串存放在字符数组中时，会存储字符串结束符'\0'，因此，*(p+4)的值是'\0'。

8. 设已定义"int a[3][2]={10,20,30,40,50,60};"和"int (*p)[2]=a;"，则*(*(p+2)+1)的值为(　　)。

　　A. 60　　　　　　B. 30　　　　　　C. 50　　　　　　D. 不能确定

【答案】　A。

【解析】　*(p)[2]表示指针数组 p 的第三个元素，即指向 a[2]的指针。*(*(p+2)+1)表示指针 p 先向后移动 2 个元素的位置，再向后移动 1 个元素的位置，即指向 a[2]后的下一个一维数组，即 a[2+1]，所以，*(*(p+2)+1)的值是指向 a[3]的指针，即第四个一维数组的首地址。由于 a[3]的第一个元素是 60，因此*(*(p+2)+1)的值是 60。

9. 以下程序的运行结果是(　　)。

```
#include<stdio.h>
int main()
{
    int a[4][3]={ 1, 2, 3, 4, 5, 6, 7, 8, 9,10,11,12};
    int *p[4], i;
    for(i=0; i<4; i++)
        p[i]=a[i];
    printf("%2d,%2d,%2d,%2d\n", *p[1], (*p)[1], p[3][2], *(p[3]+1));
    return 0;
}
```

　　A. 4,4,9,8　　　　　　B. 程序出错　　　　C. 4,2,12,11　　　D. 1,1,7,5

【答案】 C。

【解析】 p 是指针数组,有 4 个元素(p[0], p[1], p[2], p[3]),p[1]指向 4,所以*p[1]=4。p 是指针数组名,代表数组首地址,(*p)表示数组首元素 p[0],因此,(*p)[1]相当于 p[0][1],即(*p)[1]=2。p[3][2]相当于 a[3][2],即 p[3][2]=12。p[3]指向 10,p[3]+1 指向 11,因此,*(p[3]+1)=11。

10. 以下各语句或语句组中,正确的操作是(　　)。

　　A. char s[4]="abcde";

　　B. char *s;gets(s);

　　C. char *s;s="abcde";

　　D. char s[5];scanf("%s", &s);

【答案】 C。

【解析】 A 选项中,数组长度 4 太小,至少是 6;B 选项中,s 没有分配内存;D 选项中,s 前不用加地址符。只有 C 选项是正确的操作。

11. 以下程序的运行结果是(　　)。

```
#include   <stdio.h>
int main()
{
    char *s="xcbc3abcd";
    int a, b, c, d;
    a=b=c=d=0;
    for( ;*s ;s++)
        switch( *s )
        {
            case 'c': c++;
            case 'b': b++;
            default : d++; break;
            case 'a': a++;
```

```
            }
        printf("a=%d,b=%d,c=%d,d=%d\n", a, b, c, d);
        return 0;
    }
```

    A. a=1,b=5,c=3,d=8   B. a=1,b=2,c=3,d=3

    C. a=9,b=5,c=3,d=8   D. a=0,b=2,c=3,d=3

【答案】 A。

【解析】 程序中的 switch 语句根据字符 s 的值进行不同的操作。当遇到字符 'c' 时，c 的计数增加 1；当遇到字符 'b' 时，b 的计数增加 1；当遇到字符 'a' 时，a 的计数增加 1；对于其他字符，d 的计数增加 1。注意，在 switch 语句中前两个语句没有 break 语句，所以当遇到 'c' 时，会继续执行后面的语句，导致 b 和 d 的计数也增加。计数结果为 a=1，b=5，c=3，d=8。

12. 若有以下程序：

```
#include<stdio.h>
int main(int argc, char *argv[])
{
    while(--argc)
        printf("%s", argv[argc]);
    printf("\n");
    return 0;
}
```

该程序经编译和链接后生成可执行程序文件 S.exe。现在如果在 DOS 提示符下键入 "S AA BB CC" 后回车，则输出结果是(　　)。

    A. AABBCC   B. AABBCCS   C. CCBBAA   D. CCBBAAS

【答案】 A。

【解析】 该程序通过 argc 和 argv 来接收命令行参数。argc 表示参数的数量，argv 是一个指向参数字符串数组的指针。在循环中，" --argc "用于遍历参数，" printf("%s", argv[argc]);"语句用于打印参数的值，所以输出结果是 AABBCC。

13. 若有定义 "char *language[ ]={"FORTRAN","BASIC","PASCAL","JAVA","C"};"，则 language[2]的值是(　　)。

    A. 一个字符   B. 一个地址   C. 一个字符串   D. 不定值

【答案】 C。

【解析】 char *language[]是一个字符串指针数组，每个元素指向一个字符串常量。根据给定的定义，可知 language[2]指向字符串常量"PASCAL"，所以它的值是一个字符串。

14. 若有以下定义和语句，则对 a 数组元素地址的正确引用是(　　)。

```
int a[2][3], (*p)[3];
p=a;
```

    A. *(p+2)   B. p[2]   C. p[1]+1   D. (p+1)+2

【答案】 C。

【解析】　p 是指向具有 3 个元素数组的指针。A 选项中，p+2 越界；B 选项等价于 A 选项，也是越界；C 选项中，p[1]+1 相当于*(p+1)+1，表示数组元素地址；D 选项用法有误。

15. 若有定义"int max (),(*p)();"，为使函数指针变量 p 指向函数 max()，正确的赋值语句是(　　)。

  A. p=max;   B. *p=max;   C. p=max(a,b);   D. *p=max(a,b);

【答案】　A。

【解析】　函数指针变量 p 指向函数 max()的正确赋值语句是将函数名 max 赋值给函数指针变量 p，即"p=max;"。

16. 若有定义"int a[3][5], i, j;"，且 0≤i<3, 0≤j<5，则 a[i][j]不正确的地址表示是(　　)。

  A. &a[i][j]   B. a[i]+j   C. *(a+i)+j   D. *(*(a+i)+j)

【答案】　D。

【解析】　选项 D 不是地址表示，而是元素值的表示。

17. 设先有定义：

```
char s[10];
char *p=s;
```

则下面不正确的表达式是(　　)。

  A. p=s+5   B. s=p+s   C. s[2]=p[4]   D. *p=s[0]

【答案】　B。

【解析】　s=p+s 是一个不正确的表达式，数组名始终代表数组首地址，不允许通过赋值改变其值，因此，B 选项的赋值操作是错误的。

18. 设先有定义：

```
char **s;
```

则下面正确的表达式是(　　)。

  A. s="computer"   B. *s="computer"

  C. **s="computer"   D. *s='c'

【答案】　B。

【解析】　二级指针 s 只能存储一级指针地址，因此 A 选项用法错误；一级指针可以接收普通数组的地址，因此 B 选项正确；**s 应该是变量的值，不能存储地址，因此 C 选项用法错误；*s 是一级指针，只能存储地址，不能存储字符 'C'，因此 D 选项用法错误。

二、程序填空

1. 定义 compare(char *s1,char *s2)函数用于比较两个字符串的大小。以下程序的运行结果为−32。

```
#include<stdio.h>
int main()
{
    printf("%d\n", compare ( "abCd", "abc"));
    return 0;
}
```

```
compare( char *s1, char *s2 )
{
    while( *s1 && *s2 &&   [1]   )
    {
        s1++;
        s2++;
    }
    return *s1-*s2;
}
```

【答案】 [1] *s1==*s2。

【解析】 空[1]用于表示当前字符相等，故应填入*s1==*s2。

2. 以下程序用于输出字符串。

```
#include<stdio.h>
int main()
{
    char *a[ ]={"for", "switch", "if", "while"};
    char **p;
    for( p=a; p<a+4; p++ )
        printf( "%s\n",   [2]   );
    return 0;
}
```

【答案】 [2] *p。

【解析】 由于 p 是一个字符型的指针，它指向指针数组 a 的元素，因此，可以使用*p
来访问 a 中的字符串。

3. 以下程序的功能是从键盘上输入若干个字符(以回车键作为结束)组成一个字符数
组，然后输出该字符数组中的字符串。

```
#include<stdio.h>
int main()
{
    char str[81],*p;    int i;
    for(i=0;i<80;i++)
    {
        str[i]=getchar();
        if(str[i]=='\n') break;
    }
    str[i]= '\0';
      [3]   ;
    while(*p) putchar(*p  [4]);
    return 0;
}
```

【答案】　[3] p=str，[4] ++。

【解析】　空[3]用于将指针 p 指向字符数组 str 的首地址，以便遍历字符数组。空[4]用于递增指针 p，以便输出字符数组中的每个字符。

4. 下面 strcpy()函数的功能是把 t 指向的字符串复制到 s 中。

```
strcpy( char *s, char *t )
{
    while ( ( __[5]__ ) != '\0' );
}
```

【答案】　[5] *s++=*t++。

【解析】　空[5]用于将 t 指向的字符复制到 s 指向的位置，并递增指针 s 和 t，以便复制下一个字符，直到遇到空字符('\0')为止。

5. 下面 count()函数的功能是统计子串 substr 在母串 str 中出现的次数。

```
count(char *str, char *substr)
{
    int i,j,k,num=0;
    for(i=0; __[6]__ ; i++)
        for(__[7]__, k=0 ; substr[k]==str[j]; k++, j++)
            if(substr[__[8]__]=='\0')
            {
                num++;    break;
            }
    return(num);
}
```

【答案】　[6] str[i]!='\0'，[7] j=i，[8] k+1。

【解析】　空[6]表示遍历母串 str 直到遇到空字符('\0')为止。空[7]用于初始化内部循环的变量 j，使其等于当前外部循环的索引 i。空[8]表示当前比较的字符索引，用于判断是否遍历完子串 substr。

6. 下面 connect()函数的功能是将两个字符串 s 和 t 连接起来。

```
char *connect (char *s, char *t)
{
    char *p=s;
    while(*s) __[9]__ ;
    while(*t)
    {
        *s= __[10]__ ;
        s++;
        t++;
    }
    *s='\0';
```

```
        [11]
}
```
【答案】 [9] s++，[10] *t，[11] return (p)。

【解析】 空[9]用于递增指针 s，以找到字符串 s 的结尾。空[10]用于将 t 指向的字符复制到 s 指向的位置，并递增指针 s 和 t，以便复制下一个字符。空[11]用于返回指向连接后的字符串的指针。

三、阅读程序并写出运行结果

1. 写出如下程序运行结果并分析。

```
#include<stdio.h>
int main()
{
    void fun(char *s);
    static char str[]="123";
    fun(str);
    return 0;
}
void fun(char *s)
{
    if(*s)
    {
        fun(++s);
        printf("%s\n", --s);
    }
}
```

【答案】 程序运行结果为

```
3
23
123
```

【解析】 第一次调用 fun(str)时，s 指向字符串 "123"。*s 是 '1'，不是\0。调用 fun(++s)，此时 s 指向 "23"。

第二次调用 fun("23")时，s 指向字符串 "23"。*s 是 '2'，不是\0。调用 fun(++s)，此时 s 指向 "3"。

第三次调用 fun("3")时，s 指向字符串 "3"。*s 是 '3'，不是\0。调用 fun(++s)，此时 s 指向空字符串 ""(s 指向 \0)。

第四次调用 fun(" ")时，s 指向空字符串" "。*s 是\0，递归终止。直接返回到上一级调用。

2. 写出如下程序运行结果并分析。

```
#include<stdio.h>
```

```
void sub(int *x,int y,int z)
{
    *x=y-z;
}
int main()
{
    int a,b,c;
    sub(&a,10,5);
    sub(&b,a,7);
    sub(&c,a,b);
    printf("%d,%d,%d\n",a,b,c);
    return 0;
}
```

【答案】 程序运行结果为

5,-2,7

【解析】 首先，定义了一个函数 sub()，它接收三个参数：一个指向整数的指针 x 和两个整数 y 和 z。该函数的作用是将 y 减去 z 的结果赋值给 x 指向的变量。

main()函数中定义了三个整数变量 a、b 和 c。

调用 sub(&a, 10, 5)时，x 指向 a，y 是 10，z 是 5。*x 将被赋值为 10 – 5，即 5。因此，a = 5。

调用 sub(&b, a, 7)时，x 指向 b，y 是 a 的值，即 5，z 是 7。*x 将被赋值为 5 – 7，即 –2。因此，b = –2。

调用 sub(&c, a, b)时，x 指向 c，y 是 a 的值，即 5，z 是 b 的值，即 –2。*x 将被赋值为 5 – (–2)，即 7。因此，c = 7。

最后，通过 printf()输出 a、b 和 c 的值。

3. 下列程序的功能是保留给定字符串中小于字母 'n' 的字母。请写出程序运行结果。

```
#include<stdio.h>
void abc(char *p)
{
    int i, j;
    for(i=j=0; *(p+i)!='\0'; i++)
        if(*(p+i)<'n')
        {
            *(p+j)=*(p+i);
            j++;
        }
    *(p+j)='\0';
}
int main()
```

```
    {
        char str[]="morning";
        abc(str);
        puts(str);
        return 0;
    }
```

【答案】 程序运行结果为

　　mig

【解析】 初始化字符串 str 为 "morning"。调用 abc()函数时 p 指向字符串 "morning"。依次检查每个字符：'m' 小于 'n'，保存到位置 j(即 p[0])，j++；'o' 不小于 'n'，不保存；'r' 不小于 'n'，不保存；'n' 等于 'n'，不保存；'i' 小于 'n'，保存到位置 j(即 p[1])，j++；'n' 等于 'n'，不保存；'g' 小于 'n'，保存到位置 j(即 p[2])，j++。最终，保留下来的字符是 "mig"。

4. 写出如下程序运行结果并分析。

```
    #include<stdio.h>
    int main()
    {
        char *a[4]={"Tokyo","Osaka ","Sapporo " ,"Nagoya "};
        char *pt;
        pt=a;
        printf("%s",*(a+2));
        return 0;
    }
```

【答案】 程序运行结果为

　　Sapporo

【解析】 a+2 表示指针数组 a 的第三个元素的地址，即 a[2]的地址。*(a+2)表示取出该地址处的值，即字符串指针"Sapporo " 。

5. 设如下程序的文件名为 myprogram.c，编译并链接后在 DOS 提示下键入命令"myprogram one two three"，则执行后其结果是什么？

```
    #include<stdio.h>
    int main(int argc, char *argv[ ] )
    {
        int i;
        for(i=1; i<argc; i++)
            printf("%s%c", argv[i], (i<argc-1)?' ' : '\n');
        return 0;
    }
```

【答案】 程序运行结果为

　　one   two   three

【解析】 main()函数的参数 argc 将被设置为命令行参数的数量，这里是 4(包括程序名本身)。argv 是一个字符指针数组，其中存储了每个命令行参数的地址。argv[0]存储了程序名"myprogram"的地址。argv[1]存储了第一个参数"one"的地址。argv[2]存储了第二个参数"two"的地址。argv[3]存储了第三个参数"three"的地址。argv[4]为 NULL，表示参数列表的结束。

进入 for 循环，循环变量 i 从 1 开始(跳过程序名)，逐个遍历命令行参数。执行 printf 语句，打印当前参数 argv[i]的值，并在末尾加上一个空格字符(除了最后一个参数)或换行符(最后一个参数)。

循环结束后，main()函数返回 0。

四、编程题

1. 求出从键盘输入的字符串的长度。

【答案】　参考程序如下：

```
#include<stdio.h>
#include<string.h>
int main()
{
    char str[50],*p;
    int length=0;
    printf("请输入一个字符串\n");
    gets(str);
    p=str;
    while(*p!='\0')
    {
        p++;
        length++;
    }
    printf("输入的字符串的长度为%d\n",length);
    return 0;
}
```

2. 将字符串中的第 m 个字符开始的全部字符复制到另一个字符串中。要求：在主函数中输入字符串及 m 的值并输出复制结果，在被调用函数中完成复制。

【答案】　参考程序如下：

```
#include<stdio.h>
#include<string.h>
int main()
{
    int m;
    char s1[50],s2[50];
    printf("请输入一字符串 s1=");
```

```
        gets(s1);
        printf("请输入复制的起始位置 m=");
        scanf("%d",&m);
        if(strlen(s1)<m)
            printf("输入有误!");
        else
        {
            copystr(s2,s1,m);
            printf("复制的结果是 s2=%s\n",s2);
        }
        return 0;
    }
    copystr(char *str2,char *str1,int m)
    {
        int n=0;
        while(n<m-1)
        {
            str1++;
            n++;
        }
        while(*str1!='\0')
        {
            *str2=*str1;
            str2++;
            str1++;
        }
        *str2='\0';
    }
```

3. 输入一个字符串，按相反次序输出其中的所有字符。

【答案】 参考程序如下：

```
    #include<stdio.h>
    #include<string.h>
    int main()
    {
        char str[81],*p;
        int i;
        for ( i=0;i<80;i++)
        {
            str[i]=getchar();
```

```
          if (str[i]=='\n')break;
      }
      p=str;
      while ( --i>=0 )
          putchar(*(p+i) );
      return 0;
  }
```

4. 输入两个字符串，将其连接后输出。

【答案】　参考程序如下：

```
#include<stdio.h>
#include<string.h>
strlink(char *str1,char *str2)
{
    while((*str1)!='\0') str1++;
    while((*str2)!='\0') {*str1=*str2;str1++;str2++;}
    *str1='\0';
}
int main()
{
    char *s1="Very",*s2=" good!";
    strlink (s1,s2);
    printf("%s\n",s1);
    return 0;
}
```

5. 编写一个密码检测程序，程序执行时，要求用户输入密码(标准密码预先设定)，然后通过字符串比较函数比较输入密码和标准密码是否一致。若一致，则显示"口令正确"并转去执行后继程序；若不一致，则重新输入。若三次输入都不一致，则终止程序的执行。

【答案】　参考程序如下：

```
/#include<stdio.h>
#include <conio.h>
#include<stdlib.h>
int strcompare(char *str1,char *str2)                 /*字符串比较函数*/
{
    while(*str1==*str2 && *str1!=0 && *str2!=0)
    {
        str1++;
        str2++;
    }
    return *str1-*str2;
```

```
    }
    int main()
    {
        char password[20]="c program";
        char input_pass[20];                    /*定义字符数组 input_pass*/
        int i=0;                                /*检验密码*/
        while(1)
        {
            printf("请输入密码\n");
            gets(input_pass);                   /*输入密码*/
            if(strcompare(input_pass,password)!=0)
                printf("口令错误,按任意键继续\n");
            else                                /*输入正确密码所进入的程序段*/
            {
                printf("口令正确!\n");
                break;
            }                                   /*输入正确的密码，中止循环*/
            getchar();
            i++;
            if(i==3) exit(0);                   /*输入三次错误的密码，退出程序*/
        }
        return 0;
```

6. 求出某个二维数组中各行的最大值，并指明其位置。

【答案】 参考程序如下：

```
#include<stdio.h>
#define N 3
#define M 4
int main()
{
    int a[N][M],max[N],i,j;
    int (*p)[4]=a;
    printf("请输入一个二维数组,元素有%d 行%d 列\n",N,M);
    for(i=0;i<N;i++)
        for(j=0;j<M;j++)
            scanf("%d",*(p+i)+j);
    for(i=0;i<N;i++)
    {
        max[i]=*(*(p+i)+0);
        for(j=1;j<M;j++)
```

```
                if(max[i]<*(*(p+i)+j))
                    max[i]=*(*(p+i)+j);
        }
        for(i=0;i<N;i++)
        {
            for(j=0;j<M;j++)
                printf("%-4d",*(*(p+i)+j));
            printf("第%d 行的最大值为%d\n",i,max[i]);
        }
        return 0;
    }
```

7. 求某个字符串的子串。

【答案】　参考程序如下：

```
#include<stdio.h>
char *substr(char *s,int i,int j)
{
    int t;
    static char sub[50];
    for (t=0;t<j;t++)
        sub[t]=s[i+t-1];
    sub[t]='\0';
    return sub;
}
int main()
{
    char str[50];
    int start,length;
    printf("请输入一个字符串\n");
    gets(str);
    printf("请输入欲求子串的起始位置 start=");
    scanf("%d",&start);
    printf("请输入欲求子串的长度 length=");
    scanf("%d",&length);
    printf("求得的子串为");
    printf("%s\n",substr(str,start,length));
    return 0;
}
```

7.2　上机实验指导

一、实验目的

(1) 掌握指针、指针变量的概念，掌握"&"和"*"运算符的使用。

(2) 熟练使用指向变量、数组、字符串、函数的指针变量，掌握通过指针引用以上各类型数据的方法。

(3) 掌握使用指针作为函数参数的方法和返回指针值的指针函数。

(4) 掌握二级指针、指针数组等重要概念。

二、实验范例

1. 函数调用与参数传递

编写程序，用于统计从键盘输入的字符串中的元音字母(a,A,e,E,i,I,o,O,u,U)的个数。

程序如下：

```c
/*syfl7_1.c*/
#include <stdio.h>
fun(char *s)
{
    char a[]="aAeEiIoOuU",*p;
    int n=0;
    while(*s)
    {
        for(p=a;*p;p++)
            if(*p==*s)
            {
                n++;
                break;
            }
        s++;
    }
    return n;
}
int main()
{
    char str[255];
    printf("请输入一个字符串:");
```

```
        gets(str);
        printf("该字符串中元音字母的个数为: %d\n",fun(str));
        return 0;
    }
```

2. 指针运算符的运用

编写程序，对一个整数数组进行排序。要求：用户输入一组整数，程序使用指针对这组整数进行升序排序，并输出排序后的结果。

程序如下：

```
/*syfl7_2.c*/
#include<stdio.h>
/*函数：对整数数组进行升序排序*/
void sortArray(int *arr, int size)
{
    int i, j, temp;
    for (i = 0; i < size - 1; i++)
    {
        for (j = 0; j < size - i - 1; j++)
        {
            if (*(arr + j) > *(arr + j + 1))
            {
                temp = *(arr + j);
                *(arr + j) = *(arr + j + 1);
                *(arr + j + 1) = temp;
            }
        }
    }
}
int main()
{
    int size, i;
    printf("请输入数组的大小：");                /*输入数组大小*/
    scanf("%d", &size);
    int arr[size];
    printf("请输入数组的元素：");                /*输入数组元素*/
    for (i = 0; i < size; i++)
    {
        scanf("%d", &arr[i]);
    }
```

```
    printf("\n 排序前的数组：");                    /*输出排序前的数组*/
    for (i = 0; i < size; i++)
    {
        printf(" %d", arr[i]);
    }
    /*使用指针对数组进行排序*/
    sortArray(arr, size);
    printf("\n 排序后的数组：");                    /*输出排序后的数组*/
    for (i = 0; i < size; i++)
    {
        printf(" %d", arr[i]);
    }
    return 0;
}
```

3. 字符串指针的运用

接收用户输入的字符串，然后使用指针统计并输出字符串中的大写字母、小写字母和数字的个数。

程序如下：

```
/*syfl7_3.c*/
#include<stdio.h>
/*函数：统计字符串中的大写字母、小写字母和数字个数*/
void countCharacters(const char *str, int *uppercase, int *lowercase, int *digits)
{
    while (*str != '\0')
    {
        if (*str >= 'A' && *str <= 'Z')
        {
            (*uppercase)++;
        }
        else if (*str >= 'a' && *str <= 'z')
        {
            (*lowercase)++;
        }
        else if (*str >= '0' && *str <= '9')
        {
            (*digits)++;
        }
        str++;
```

```
        }
    }
    int main()
    {
        char str[100];
        int uppercase = 0, lowercase = 0, digits = 0;
        printf("请输入字符串：");                              /*输入字符串*/
        scanf("%[^\n]", str);
        countCharacters(str, &uppercase, &lowercase, &digits);   /*统计字符个数*/
        printf("\n 大写字母个数：%d\n", uppercase);              /*输出统计结果*/
        printf("小写字母个数：%d\n", lowercase);
        printf("数字个数：%d\n", digits);
        return 0;
    }
```

4．函数指针与返回指针值的指针函数

编写程序，实现两个整数的和、差、乘、除运算，并输出结果。

程序如下：

```
    /*syfl7_4.c*/
    #include<stdio.h>
    typedef int (*MathFunction)(int, int);                    /*函数指针类型定义*/
    /*函数：返回两个整数的和*/
    int add(int a, int b)
    {
        return a + b;
    }
    /*函数：返回两个整数的差*/
    int subtract(int a, int b)
    {
        return a - b;
    }
    /*函数：返回两个整数的乘积*/
    int multiply(int a, int b)
    {
        return a * b;
    }
    /*函数：返回两个整数的商*/
    int divide(int a, int b)
    {
```

```
        return a / b;
}
/*函数：返回指向函数的指针*/
MathFunction getMathFunction(char operator)
{
    switch (operator)
    {
        case '+':
            return add;
        case '-':
            return subtract;
        case '*':
            return multiply;
        case '/':
            return divide;
        default:
            return NULL;
    }
}
int main()
{
    int a, b;
    char operator;
    MathFunction mathFunc;
    /*输入操作数和运算符*/
    printf("请输入两个整数:");
    scanf("%d %d", &a, &b);
    printf("请输入运算符(+、-、*、/):");
    scanf(" %c", &operator);
    /*获取相应的函数指针*/
    mathFunc = getMathFunction(operator);
    if (mathFunc != NULL)
    {
        int result = mathFunc(a, b);            /*调用函数指针并输出结果*/
        printf("运算结果:%d\n", result);
    }
    else
    {
        printf("无效的运算符\n");
```

```
        }
        return 0;
    }
```

5. 指针数组的应用

编写程序，对整数进行排序，并输出排序结果。

程序如下：

```c
/*syfl7_5.c*/
#include<stdio.h>
#define MAX_SIZE 10
/*冒泡排序*/
void bubbleSort(int *arr[], int size)
{
    for (int i = 0; i < size - 1; i++)
    {
        for (int j = 0; j < size - i - 1; j++)
        {
            if (*(arr[j]) > *(arr[j + 1]))
            {
                int *temp = arr[j];
                arr[j] = arr[j + 1];
                arr[j + 1] = temp;
            }
        }
    }
}
/*打印数组*/
void printArray(int *arr[], int size)
{
    for (int i = 0; i < size; i++)
    {
        printf("%d ", *(arr[i]));
    }
    printf("\n");
}
int main()
{
    int nums[MAX_SIZE] = {4, 2, 8, 1, 6, 7, 3, 5, 10, 9};
    int *ptrs[MAX_SIZE];
```

```
        /*将指针数组中的每个元素指向对应整数数组的元素*/
        for (int i = 0; i < MAX_SIZE; i++)
        {
            ptrs[i] = &nums[i];
        }
        printf("原始数组：\n");
        printArray(ptrs, MAX_SIZE);                    /*打印原始数组*/
        bubbleSort(ptrs, MAX_SIZE);                    /*对指针数组进行冒泡排序*/
        printf("\n 排序后的数组：\n");
        printArray(ptrs, MAX_SIZE);                    /*打印排序后的数组*/
        return 0;
    }
```

三、实验任务

编写程序并上机调试通过，然后写出实验报告。

(1) 编写 compare (char *s1,char *s2)函数，实现比较两个字符串大小的功能。

(2) 编写 strcpy (char *s,char *t)函数，用于把 t 指向的字符串复制到 s 中。

(3) 编写程序，求出从键盘输入的字符串的长度。

(4) 编写一个指针函数，求字符串的子串，并返回子串的首地址。

(5) 输入一行字符，统计其中分别有多少个单词和空格。例如，输入"How are you"，有 3 个单词和 2 个空格。

(6) 输入 5 个字符串，将这 5 个字符串按从小到大的顺序排列后输出。要求：用二维字符数组存放这 5 个字符串，用指针数组元素分别指向这 5 个字符串。

(7) 模拟计算器中的加、减、乘、除运算。

(8) 写出实验报告。实验报告要求如下：

① 说明采用什么数据结构(是指针数组、函数指针，还是二级指针)，写出解决问题的算法思路，并画出程序流程图。

② 根据算法思路或程序流程图编写源程序。

③ 记录源程序在上机调试时出现的各种问题及其解决方法。

④ 总结本次实验的经验与教训。

第8章 结构、共用和枚举类型

一、选择题

1. 下面叙述正确的是( )。

A. 结构一经定义，系统就给它分配了所需的内存单元

B. 结构类型变量和共用类型变量所占内存长度是各成员所占内存长度之和

C. 可以对结构类型和结构类型变量赋值、存取和运算

D. 定义共用类型变量后，不能引用共用类型变量，只能引用共用类型变量中的成员

【答案】 D。

【解析】 选项 A 所述不正确。结构类型定义只是定义了结构类型，并未分配内存，只有在声明结构类型变量时才分配内存。选项 B 所述不正确。结构类型变量的内存长度是所有成员所占内存长度之和，并且可能会有字节对齐的填充；而共用类型变量的内存长度是其最长的成员所占的内存长度。选项 C 所述不完全正确。虽然可以对结构类型变量进行赋值、存取和运算，但不能对整个结构类型本身进行运算。选项 D 所述正确。定义共用类型变量后，不能直接引用共用类型变量本身，只能引用共用类型变量中的成员，这是因为共用类型的所有成员共用一段内存空间，只能通过访问具体成员来操作这段内存。

2. 结构类型变量在程序执行期间( )。

A. 所有成员驻留在内存中

B. 只有一个成员驻留在内存中

C. 部分成员驻留在内存中

D. 没有成员驻留在内存中

【答案】 A。

【解析】 结构类型变量在程序执行期间，其所有成员会同时驻留在内存中。结构类型是一个复合数据类型，它包含多个成员，每个成员都有其独立的内存空间，因此在结构类型变量声明后，所有成员都会被分配内存并驻留在内存中。

3. 设有以下定义：

```
struct date
```

```
    {
        int cat;
        char c;
        int a[4];
        long m;
    }mydate;
```

则在 Visual C++ 2010 Express 中执行语句"printf("%d", sizeof(struct date));"的结果是(   )。

    A. 25   B. 28   C. 15   D. 18

【答案】 B。

【解析】 在 Visual C++ 2010 Express 中，整型变量占 4 个字节，长整型变量占 4 个字节，字符型变量占 1 个字节，但结构类型变量所占字节数是按单位长度逐个为各个成员分配的，本题中的单位长度是 4。

4. 在说明一个共用类型变量时，系统分配给它的存储空间是(   )。

    A. 该共用类型中第一个成员所需存储空间

    B. 该共用类型中最后一个成员所需存储空间

    C. 该共用类型中占用最大存储空间的成员所需存储空间

    D. 该共用类型中所有成员所需存储空间的总和

【答案】 C。

【解析】 由定义可知，共用类型各成员共用同一段内存空间，这样共用类型变量所需存储空间就是需要最大存储空间的成员占用的空间大小。

5. 共用类型变量在程序执行期间的某一时刻(   )。

    A. 所有成员驻留在内存中   B. 只有一个成员驻留在内存中

    C. 部分成员驻留在内存中   D. 没有成员驻留在内存中

【答案】 B。

【解析】 对于共用类型变量，同一个内存段可以用来存放几种不同类型的成员，但在每一瞬时只能存放其中一种，而不是同时存放几种。

6. 对于下面有关结构类型的定义或引用正确的是(   )。

```
    struct student
    {
        int no;
        int score;
    }student1;
```

    A. student.score=99;

    B. student LiMing; LiMing.score=99;

    C. stuct LiMing; LiMing.score=99;

    D. stuct student LiMing; LiMing.score=99;

【答案】 D。

【解析】 A 选项错是因为不能通过结构类型名引用结构类型成员；B 选项错是因为不能把结构名 student 当作类型名使用；C 选项错是因为不能把关键字 struct 当作类型名使用；

而 D 选项中用 struct student 这个类型名定义变量 LiMing，然后对其成员 score 赋值是正确的。

7. 以下说法错误的是(   )。

A. 结构类型变量名代表该结构类型变量的存储首地址

B. 共用类型占用空间大小为其成员项中占用空间最大的成员项所需存储空间大小

C. 结构类型定义时不分配存储空间，只有在结构类型变量说明时，系统才分配存储空间

D. 结构类型数组中不同元素的同名成员项具有相同的数据类型

【答案】 A。

【解析】 结构类型变量的存储首地址=&结构类型变量名，这一特点跟普通变量相似，而跟数组不同，所以 A 选项的叙述是错误的，B、C 和 D 选项的叙述是正确的。

8. 若有如下说明和语句：

```
struct teacher
{
    int no;
    char *name;
}xiang, *p=&xiang;
```

则以下引用方式不正确的是(   )。

  A. xiang.no   B. (*p).no   C. p->no   D. xiang->no

【答案】 D。

【解析】 结构类型变量的引用方式为：结构类型变量名.成员名，A 和 B 选项属于这一种；结构类型指针变量的引用方式为：结构类型指针变量名->成员名，C 选项属于这一种。在 D 选项中，xiang 不是结构类型指针变量，其引用方式不对。

二、程序填空

1. 以下程序段的作用是统计链表中结点的个数，其中 first 为指向首结点的指针。

```
struct node
{
    char data;
    struct node *next;
} *p, *first;
int c=0;
p=first;
while(  [1]  )
{
      [2]  ;
    p=  [3]  ;
}
```

【答案】 [1] p!=NULL，[2] c++，[3] p->next。

【解析】 空[1]表示判断当前结点指针 p 是否为空，如果为空则链表遍历结束。空[2]表示每遍历一个结点，计数器 c 自增，以便统计结点个数。空[3]表示将指针 p 移动到链表的下一个结点。

2. 以下程序中使用一个结构类型变量表示一个复数，然后进行复数加法和乘法运算。

```
#include<stdio.h>
struct complex_number
{
    float real, virtual;
};
int main()
{
    struct complex_number a,b,sum,mul;
    printf("输入 a.real、a.virtual、b.real 和 b.virtual:");
    scanf("%f%f%f%f",&a.real,&a.virtual,&b.real,&b.virtual);
    sum.real=   [4]   ;
    sum.virtual=   [5]   ;
    mul.real=   [6]   ;
    mul.virtual=   [7]   ;
    printf("sum.real=%f,sum.virtual=%f\n", sum.real, sum.virtual);
    printf("mul.real=%f, mul.virtual=%f\n", mul.real, mul.virtual);
    return 0;
}
```

【答案】 [4] a.real+b.real，[5] a.virtual+b.virtual，[6] a.real*b.real-a.virtual*b.virtual，[7] a.virtual*b.real+a.real*b.virtual。

【解析】 空[4]表示复数的实部相加，空[5]表示复数的虚部相加，空[6]表示复数乘法的实部计算，空[6]表示复数乘法的虚部计算。

3. 以下程序用于在结构类型数组中查找分数最高和最低的同学姓名和分数。

```
#include<stdio.h>
int main()
{
    int max,min,i,j;
    static struct
    {
        char name[10];
        int score;
    }stud[6]={"李明",99,"张三",88,"吴大",90,"钟六",80,"向杰",92,"齐伟",78};
    max=min=1;
    for (i=0;i<6;i++)
```

```
        if(stud[i].score>stud[max].score)
            [8]  ;
        else
            if(stud[i].score<stud[min].score)
                [9]  ;
    printf("最高分获得者为:%s,分数为:%d\n",  [10]  );
    printf("最低分获得者为:%s,分数为:%d\n",  [11]  );
    return 0;
}
```

【答案】 [8] max=i，[9] min=i，[10] stud[max].name,stud[max].score，[11] stud[min].name, stud[min].score。

【解析】 空[8]表示如果当前学生的分数比当前最低分还低，更新最低分学生的索引。空[8]表示如果当前学生的分数比当前最高分还高，更新最高分学生的索引。空[10]表示打印最高分学生的姓名和分数。空[11]表示打印最低分学生的姓名和分数。

三、阅读程序并写出运行结果

1. 写出下列程序的运行结果。

```
#include<stdio.h>
#include"process.h"
typedef struct person
{
    char    name[31];
    int     age;
    char    address[101];
} Person;
int main(void)
{
    Person per[2]= {
                {"Qian", 25, "west street 31"},
                {"Qian", 25, "west street 31"} };
    Person *p1=per;
    char *p2=per[0].name;
    printf("per=%u\n", per);
    printf("&per[0]=%u\n", &per[0]);
    printf("per[0].name=%u\n", per[0].name);
    printf("p1=%u\n", p1);
    printf("p2=%u\n\n", p2);
    printf("&p1=%u\n", &p1);
    printf("&p2=%u\n\n", &p2);
```

```
        printf("&per=%u\n", &per);
        return 0;
    }
```

【答案】 程序运行结果可能为

```
    per=3794
    &per[0]=3794
    per[0].name=3794
    p1=3794
    p2=3794
    &p1=4062
    &p2=4066
    &per=3794
```

(注意：在不同机器上运行的结果可能不一样)

2. 下面是一个学生综合评估的源程序，写出程序的运行结果。

```c
#include<stdio.h>
#define ScoreTable_TY struct ScoreTable
ScoreTable_TY
{
    char name[31];
    int score[5];
    int sum;
    float avg;
};
void SumAndAvg(ScoreTable_TY *pt);
char *Remak(float avg);
int main()
{
    int i;
    ScoreTable_TY stu[5]= {
            {"zhang", {68, 79, 80, 76, 92}, 0, 0},
            {"wang", {88, 89, 90, 96, 92}, 0, 0},
            {"li", {85, 73, 82, 66, 82}, 0, 0},
            {"zhao", {98, 99, 90, 96, 92}, 0, 0},
            {"qian", {68, 79, 72, 71, 62}, 0, 0}
            };
    ScoreTable_TY *pt=stu;
    for(i=0; i<5; i++, pt++)
    {
        SumAndAvg(pt);
```

```
        }
        for(i=0; i<5; i++)
        {
            printf("%10s: %s\n", stu[i].name, Remak(stu[i].avg));
        }
        return 0;
    }
    void SumAndAvg(ScoreTable_TY *pt)
    {
        int i;
        for(i=0; i<5; i++)
            pt->sum += pt->score[i];
        pt->avg = pt->sum/5.0;
    }
    char *Remak(float avg)
    {
        if(avg > 90.0)
            return "best";
        else
            if(avg > 75)
                return "better";
            else
                return "good";
    }
```

【答案】　程序运行结果为

```
zhang:   better
wang:    best
li:      better
zhao:    best
qian:    good
```

3. 输入下列源程序，按提示输入相应的数据，写出运行结果。

```
#include<stdio.h>
#include<malloc.h>
struct Person
{
    char name[31];
    int age;
    char address[101];
    struct Person *next;
```

```c
};
struct Person *createLink();
void printLink(struct Person *pt);
void distroyLink(struct Person *LinkHead);
int main()
{
    struct Person *LinkHead;
    LinkHead=createLink();
    printLink(LinkHead);
    distroyLink(LinkHead);
    return 0;
}
struct Person *createLink()
{
    struct Person *LinkHead, *LinkEnd, *pt;
    int i;
    printf("input name age address:\n");
    for(i=0; i<3; i++)
    {
        pt=(struct Person *)malloc(sizeof(struct Person));
        scanf("%s %d %s", pt->name, &pt->age, pt->address);
        if(0==i)
        {
            LinkHead =pt;
            LinkEnd =pt;
        }
        else
        {
            LinkEnd->next =pt;
            LinkEnd=pt;
        }
    }
    LinkEnd->next =NULL;
    return LinkHead;
}
void printLink(struct Person *pt)
{
    while(NULL!=pt)
    {
```

```
                printf("%-20s,%4d,%s\n",pt->name,pt->age,pt->address);
                pt = pt->next;
            }
        }
        void distroyLink(struct Person *LinkHead)
        {
            struct Person *pt; int i=0;
            pt=LinkHead;
            while(NULL != pt)
            {
                LinkHead = LinkHead->next;
                free(pt);
                printf("free node:%d\n", i++);
                pt =LinkHead;
            }
        }
```

【答案】 程序一次运行结果为

input name age address:

ZhangSan 18 HuNan

LiSi 19 HuBei

WangWu 20 BeiJing

ZhangSan,18,HuNan

LiSi,19,HuBei

WangWu,20,BeiJing

free node:0

free node:1

free node:2

4. 试分析下列源程序的功能，写出其运行结果。

```
#include<stdio.h>
#define Person_1 struct person_1
struct person_1
{
    char name[31];
    int age;
    char address[101];
};
typedef struct person_2
{
    Char name[31];
```

```
        int age;
        char address[101];
    } Person_2;
    int main(void)
    {
        Person_1    a= {"zhao", 31, "east street 49"};
        Person_1    b=a;
        Person_2    c= {"Qian", 25, "west street 31"};
        Person_2    d=c;
        printf("%s, %d, %s\n", b.name, b.age, b.address);
        printf("%s, %d, %s\n", d.name, d.age, d.address);
        return 0;
    }
```

【答案】 程序运行结果为

zhao,31,east street 49

Qian,25,west street 31

5. 试分析下列源程序的功能，写出其运行结果。

```
#include<stdio.h>
int main()
{
    union cif_ty
    {
        char c;
        int i;
        float f;
    } cif;
    cif.c = 'a';
    printf("c=%c\n", cif.c);
    cif.f = 101.1;
    printf("c=%c, f=%f\n",cif.c, cif.f);
    cif.i = 0x2341;
    printf("c=%c, i=%d, f=%f", cif.c, cif.i, cif.f);
    return 0;
}
```

【答案】 程序运行结果为

c=a

c=3,f=101.099998

c=A,i=9025,f=101.068855

6. 这是一个结构类型变量传递的程序，试问程序运行结果是什么？

```
#include<stdio.h>
struct student
{
    int x;
    char c;
} a;
int main()
{
    a.x=3;
    a.c='a';
    f(a);
    printf("%d,%c",a.x,a.c);
    return 0;
}
f(struct student b)
{
    b.x=20;
    b.c='y';
}
```

【答案】程序运行结果为

　　3,a

7. 写出下列源程序的运行结果。

```
#include<stdio.h>
int main()
{
    struct BitField
    {
        unsigned a:1;
        unsigned b:3;
        unsigned c:4;
        unsigned d:8;
    } bit,*pbit;
    printf("size of bit:%d bytes\n",sizeof(bit));
    bit.a=1;
    bit.b=7;
    bit.c=15;
    bit.d=255;
    printf("%d,%d,%d,%d\n",bit.a,bit.b,bit.c,bit.d);
    pbit=&bit;
```

```
        pbit->a=0;
        pbit->b&=1;
        pbit->c|=0;
        pbit->d^=0X0F;
        printf("%d,%d,%d,%d\n",pbit->a,pbit->b,pbit->c,pbit->d);
        return 0;
    }
```

【答案】 程序运行结果为

size of bit: 2 bytes

1,7,15,255

0,1,15,240

8. 写出下列源程序运行的结果。

```
#include<stdio.h>
int main()
{
    int a=60, b, c;
    b=a>>2;
    c=a/4;
    printf("a=%d\nb=%d\nc=%d\n",a,b,c);
    return 0;
}
```

【答案】 程序运行结果为

a=60

b=15

c=15

9. 写出下列源程序运行的结果。

```
#include<stdio.h>
int main()
{
    int a=15, b, c;
    b=a<<2;
    c=a*4;
    printf("a=%d\nb=%d\nc=%d\n",a,b,c);
    return 0;
}
```

【答案】 程序运行结果为

a=15

b=60

c=60

10. 写出下列源程序运行的结果：

```c
#include<stdio.h>
int main()
{
    int a,b;
    a=98;
    b=0x83;
    printf("a AND b:%d\n",a&b);
    printf("a OR b:%d\n",a|b);
    printf("a NOR b:%d\n",a^b);
    return 0;
}
```

【答案】 程序运行结果为

a AND b:2

a OR b:227

a NOR b:225

11. 运行下列程序，从键盘输入一个八进制数，然后写出下列源程序运行的结果。

```c
#include<stdio.h>
int main()
{
    unsigned a,b,c,d;
    scanf("%o",&a);
    b=a>>4;
    c=~(~0<<4);              /*0x000F*/
    d=b&c;
    printf("%o,%d\n%o,%d\n",a,a,d,d);
    return 0;
}
```

【答案】 若输入的数据为 100，则上述程序运行结果为

100,64

4,4

四、编程题

1. 编写 input()和 output()函数以便输入/输出 5 个学生的数据记录。每个学生的数据包括学号(num[6])、姓名(name[8])和 4 门课的成绩(score[4])。要求在 main()函数中只用 input()和 output()两个函数调用语句实现。

【答案】 参考程序如下：

```c
#include<stdio.h>
#define N 2
```

```c
struct student
{
    char num[6];
    char name[8];
    int score[4];
} stu[N];
input()
{
    int i,j;
    for(i=0;i<N;i++)
    {
        printf("\n please input %d of %d\n",i+1,N);
        printf("num: ");
        scanf("%s",stu[i].num);
        printf("name: ");
        scanf("%s",stu[i].name);
        for(j=0;j<3;j++)
        {
            printf("score %d:",j+1);
            scanf("%d",&stu[i].score[j]);
        }
        printf("\n");
    }
}
output()
{
    int i,j;
    printf("No.    Name     Sco1    Sco2    Sco3\n");
    for(i=0;i<N;i++)
    {
        printf("%-6s%-10s",stu[i].num,stu[i].name);
        for(j=0;j<3;j++)
            printf("%-8d",stu[i].score[j]);
        printf("\n");
    }
}
int main()
{
    input();
```

```
        output();
        return 0;
    }
```

2. 创建一个链表，结点数目从键盘输入，每个结点包括学号、姓名和年龄。链表建立后将链表按记录逐行显示出来。

【答案】 参考程序如下:

```
/*create a list*/
#include<stdlib.h>
#include<stdio.h>
struct list
{
    int no;
    char name[10];
    int age;
    struct list *next;
};
typedef struct list node;
typedef node *link;
int main()
{
    link ptr,head;
    int num,i,length;
    ptr=(link)malloc(sizeof(node));
    head=ptr;
    printf("Now,let's begin creating the LIST!\n");
    printf("First,please input length of the LIST: \n");
    scanf("%d",&length);
    for(i=0;i<length;i++)
    {
        printf("Then please input node %d of the LIST!\n",i);
        printf("No:");
        scanf("%d",&ptr->no);
        printf("Name:");
        scanf("%s",ptr->name);
        printf("Age:");
        scanf("%d",&ptr->age);
        ptr->next=(link)malloc(sizeof(node));
        if(i==length-1)
            ptr->next=NULL;
```

```
            else
                ptr=ptr->next;
    }
    printf("Nodes of LIST is listed below!");
    printf("\nNo.        Name        Age\n");
    printf("--------------------------\n");
    ptr=head;
    while(ptr!=NULL)
    {
        printf("%3d%10s%10d\n",ptr->no,ptr->name,ptr->age);
        ptr=ptr->next;
    }
    return 0;
}
```

3. 假设某链表的结点结构同上面的第 2 题，链表头指针为 head，请设计一个显示链表的函数。

【答案】 参考函数如下：

```
Display_LIST(node *head)
{
    node *p;
    p=head;
    while(p!=NULL)
    {
        printf("%3d%10s%10d\n",p->no,p->name,p->age);
        p=p->next;
    }
}
```

4. 假设某链表的结点结构同上面的第 2 题，链表头指针为 head，请设计一个在链表删除一个指定结点的函数。

【答案】 参考函数如下：

```
void Delete_Node(node *head)
{
    node *p,*q;
    int i,j;
    printf("请输入欲删除的结点位置:\n");
    scanf("%d",&i);
    if(i==1)
    {
        p=head;
```

```
            head=p->next;
            free(p);
        }
        else
        {
            q=head;
            for(j=1;j<i-1;j++)
                q=q->next;
            if(q!=NULL)
            {
                p=q->next;
                q->next=p->next;
                free(p);
            }
            else
                printf("ERROR!");
        }
    }
```

8.2 上机实验指导

一、实验目的

(1) 掌握结构类型定义方法以及结构类型变量的定义和引用。

(2) 掌握指向结构类型变量的指针变量的应用。

(3) 掌握结构类型数组的应用。

(4) 掌握运算符“.”和“->”的应用。

(5) 掌握共用类型的概念，比较其与结构类型的异同。

(6) 掌握共用类型的定义和引用。

(7) 掌握枚举类型的定义和引用。

(8) 掌握自定义类型的定义和引用。

二、实验范例

1. 结构类型与结构类型数组

编写一个简单的账目管理程序。要求用结构类型数组保存账目信息。该信息包括项目名(item)、价格(cost)、现存量(on_hand)。程序需具有增加账目条、删除账目条、显示账目条和退出程序 4 个功能。这些功能通过菜单来选择。

程序如下：

```
/*syfl8_1.c*/
#include<stdio.h>
#include<stdlib.h>
#define   MAX   100
struct inv                              /*定义一个结构类型 inv*/
{
    char item[30];
    double cost;
    int on_hand;
}inv_info[MAX];                         /*定义一个记录数为 100 的结构类型数组*/
void init_list(),list(),Delete(),enter();   /*函数声明*/
int menu_select(),find_free();          /*函数声明*/
int main()
{
    int choice;
    init_list();                        /*调用 init_list()函数，初始化结构类型数组*/
    for(;;)
    {
        choice=menu_select();           /*显示主菜单*/
        switch(choice)
        {
            case 1:
                enter();                 /*调用 enter()函数*/
            break;
            case 2:
                Delete();                /*调用 Delete()函数*/
            break;
            case 3:
                list();                  /*调用 list()函数*/
            break;
            case 4:
                exit(0);                 /*退出程序*/
        }
    }
    return 0;
}

void init_list()                        /*初始化结构类型数组*/
```

```
    {
        int t;
        /*将所有项目名 item 第一个字节赋以空字符*/
        for(t=0;t<MAX;++t)
            inv_info[t].item[0]='\0';
    }
    int menu_select()                           /*主菜单选择*/
    {
        char s[80];
        int c;
        printf("\n");
        printf("1.Enter a item\n");
        printf("2.Delete a item\n");
        printf("3.List the inventory\n");
        printf("4.Exit\n");
        do
        {
            printf("\n Enter your choice:");
            gets(s);
            c=atoi(s);
        } while(c<0 || c>4);
        return c;                               /*返回 c 值，c 可以是 1、2、3 或 4*/
    }


    /*输入账目信息*/
    void enter()
    {
        int slot;
        char s[80];
        double x;
        slot=find_free();
        if(slot==-1)                            /*如果数组已满，则显示信息"list full"*/
        {
            printf("\n list full");
            return;
        }
        printf("Please enter item:");
        gets(inv_info[slot].item);
        printf("Please enter cost:");
```

```
        gets(s);
        x=atof(s);
        inv_info[slot].cost=x;
        printf("Please enter number on hand:");
        scanf("%d%*c",&inv_info[slot].on_hand);
    }
    int find_free()                          /*返回能存入数据的位置，或返回无空位置标志"-1"*/
    {
        int t;
        for(t=0;inv_info[t].item[0] && t<MAX;++t);
        if(t==MAX)
            return   -1;
        return t;
    }

    void Delete()                                    /*删除用户指定的项目序号*/
    {
        int slot;
        char s[80];
        printf("enter record #:");                   /*记录号是从序号 0 开始的*/
        gets(s);
        slot=atoi(s);
        if(slot>=0 && slot<=MAX) inv_info[slot].item[0]='\0';
        /*将指定删除的记录的项目名的第一个字节赋以空字符*/
    }
    void list()                                      /*显示列表*/
    {
        int t;
        for(t=0;t<MAX;++t)
        {
            if(inv_info[t].item[0])
            {
                printf("item: %s\n",inv_info[t].item);
                printf("cost: %f\n",inv_info[t].cost);
                printf("on hand: %d\n\n",inv_info[t].on_hand);
            }
        }
        printf("\n\n");
    }
```

2. 共用类型定义和应用

字符 '0' 的 ASCII 码的十进制数为 48，分析下面程序的输出结果。

程序如下：

```c
/*syfl8_2.c*/
#include<stdio.h>
#include<stdlib.h>
int main()
{
    union
    {
        short a[2];
        long k;
        char c[4];
    }r,*s=&r;
    s->a[0]=56;
    s->a[1]=48;
    printf("%c\n",s->c[0]);
    return 0;
}
```

本程序中，共用类型各个成员共同占用的字节是 4 个字节，s->a[0]占两个字节，但由于低位字节优先存储，两个字节依次存储的是 56 和 0，所以通过 s->c[0]读到的值是 56，按字符格式显示为 8。

3. 共同类型共享存储空间

分析下面程序的输出结果。

程序如下：

```c
/*syfl8_3.c*/
#include<stdio.h>
int main()
{
    union
    {
        short a;    char c[2];
    } s;
    s.a=270;
    printf("%d,%d\n",s.c[0],s.c[1]);
    return 0;
}
```

本程序中，共用类型变量 s 中有两个成员：整型变量 a 和字符型数组 c，它们占用同一段内存区。将 270 赋给成员 a，它占两个字节，对应的二进制数为 0000 0001 0000 1110。当以%d 格式输出成员 c 的两个元素时，c[0]的值即是低字节的值 14，c[1]的值即是高字节的值 1。所以该程序的运行结果为 "14,1"。

4. 枚举类型的定义和应用

用户输入学生的分数，程序根据分数判断等级，并输出相应的信息。

程序如下：

```c
/*syfl8_4.c*/
#include<stdio.h>
/*定义枚举类型 Grade*/
enum Grade
{
    FAIL,
    PASS,
    GOOD,
    EXCELLENT
};
int main()
{
    enum Grade studentGrade;
    int score;
    printf("请输入学生的分数：");                    /*用户输入学生的分数*/
    scanf("%d", &score);
    /*根据分数设置等级*/
    if (score < 60)
    {
        studentGrade = FAIL;
        printf("不及格\n");
    }
    else if (score >= 60 && score < 80)
    {
        studentGrade = PASS;
        printf("及格\n");
    }
    else if (score >= 80 && score < 90)
    {
        studentGrade = GOOD;
        printf("良好\n");
```

```
        }
        else
         {
             studentGrade = EXCELLENT;
             printf("优秀\n");
        }
        /*根据等级输出相应的信息*/
        switch (studentGrade)
    {
            case FAIL:
                printf("学生需要加倍努力，争取取得更好的成绩。\n");
                break;
            case PASS:
                printf("学生表现一般，还有进步的空间。\n");
                break;
            case GOOD:
                printf("学生成绩不错，继续保持。\n");
                break;
            case EXCELLENT:
                printf("学生成绩非常出色，继续保持优秀。\n");
                break;
        }
        return 0;
    }
```

5. 自定义类型的定义和应用

编写一图书管理程序。该程序需实现添加图书信息、显示图书信息功能。

程序如下：

```
/*syfl8_5.c*/
#include<stdio.h>
#include<string.h>
//定义图书结构类型
struct Book
{
    char title[100];
    char author[100];
    int year;
    float price;
};
```

```
//函数：添加图书信息
void addBook(struct Book *book)
{
    printf("请输入图书标题：");
    scanf("%s", book->title);
    printf("请输入图书作者：");
    scanf("%s", book->author);
    printf("请输入图书出版年份：");
    scanf("%d", &(book->year));
    printf("请输入图书价格：");
    scanf("%f", &(book->price));
}
//函数：显示图书信息
void displayBook(const struct Book *book)
{
    printf("\n 图书信息：\n");
    printf("标题：%s\n", book->title);
    printf("作者：%s\n", book->author);
    printf("出版年份：%d\n", book->year);
    printf("价格：%.2f\n", book->price);
}
int main()
{
    struct Book book;
    //添加图书信息
    addBook(&book);
    //显示图书信息
    displayBook(&book);
    return 0;
}
```

三、实验任务

编写程序并上机调试通过，然后写出实验报告。

(1) 编写一个学籍管理程序，要求用结构类型数组保存学生信息。学生信息包括姓名(name)、性别(sex)、班级(class)，计算机(computer)、英语(English)、数学(math)3 科成绩以及总分(sum)和平均分(average)两项统计。程序需具有增加记录、删除记录、显示记录和退出程序 4 个功能。这些功能通过菜单来选择。

(2) 输入下列程序并运行，然后分析该程序运行结果。

程序如下：

```
/*sy8_2.c*/
#include<stdio.h>
int main()
{
    union cif_ty
    {
        char c;
        int i;
        float f;
    } ug[3];
    printf("ug:%u\n",ug);
    printf("ug[0] address:%u\n",&ug[0]);
    printf("ug[0].c%u\n",&ug[0].c);
    printf("ug[0].i%u\n",&ug[0].i);
    printf("ug[0].f%u\n",&ug[0].f);
    return 0;
}
```

(3) 将某个班级的学生和任课教师的数据放在同一表格中。教师的数据包括姓名、职业和职务，学生的数据包括姓名、职业和学号。数据的类型定义如下：

```
struct data
{
    char name[12];
    char job;
    union
    {
        char zhiwu[20];
        int xuehao;
    }
}
```

其中：job 中用"s"表示学生，用"t"表示教师；zhiwu[20]可以存储如"C 语言任课教师"或"数学任课教师"之类的字符串；"xuehao"用于存储学生的学号。试编写程序进行数据的输入与输出。

(4) 写出实验报告。实验报告要求如下：

① 写出解决问题的算法思路，画出程序流程图。

② 根据算法思路或程序流程图编写源程序。

③ 记录源程序在上机调试时出现的各种问题及其解决方法。

④ 总结本次实验的经验与教训。

第9章 编译预处理

一、选择题

1. 预处理命令#define 用于定义宏，其作用是( )。
   A. 在编译时进行变量声明
   B. 在编译前进行字符串替换
   C. 在运行时进行值的计算
   D. 在链接时进行符号解析

【答案】 B。

【解析】 在 C 语言中，预处理命令#define 用于定义宏，它会在编译前进行字符串替换。预处理器会用宏定义的内容替换程序中出现的宏名。这个替换发生在编译前的预处理阶段。

2. 预处理命令#include 的作用是( )。
   A. 在运行时包含其他文件
   B. 在编译时包含其他文件
   C. 在编译前包含其他文件
   D. 在链接时包含其他文件

【答案】 C。

【解析】 预处理命令#include 用于在编译前包含其他文件的内容。预处理器会将指定的文件内容插入#include 命令所在的位置，这个过程发生在编译前的预处理阶段。

3. 在 C 语言中，预处理命令#if、#else、#elif、#endif 用于( )。
   A. 控制函数调用
   B. 控制编译选项
   C. 控制代码的编译条件
   D. 控制变量的定义

【答案】 C。

【解析】 预处理命令#if、#else、#elif、#endif 用于控制代码的编译条件。它们根据预定义的宏或者表达式的值来决定是否编译某段代码。

4. 使用#define 定义的宏常量，其作用范围是(　　)。

A. 从定义开始到文件末尾

B. 从定义开始到函数末尾

C. 从定义开始到所在块末尾

D. 仅在定义所在行有效

【答案】　A。

【解析】　使用#define 定义的宏常量，其作用范围是从定义开始到文件末尾，或者直到遇到#undef 命令为止。

5. 预处理命令#undef 的作用是(　　)。

A. 取消对变量的定义

B. 取消对函数的定义

C. 取消对宏的定义

D. 取消对预处理命令的定义

【答案】　C。

【解析】　预处理命令#undef 的作用是取消对宏的定义。一旦取消，宏名在其后的代码中将不再被替换。

6. 预处理命令#error 用于(　　)。

A. 输出编译错误信息并中止编译

B. 输出运行时错误信息

C. 输出链接错误信息

D. 输出调试信息

【答案】　A。

【解析】　预处理命令#error 用于输出编译错误信息并中止编译。当预处理器遇到#error 命令时，会输出命令的错误信息并终止编译过程。

7. 预处理命令#pragma 用于(　　)。

A. 控制编译器的特定行为

B. 定义宏

C. 包含头文件

D. 定义变量的存储类型

【答案】　A。

【解析】　预处理命令#pragma 用于控制编译器的特定行为。它提供了一种为编译器指定特殊指令的机制，可以用于优化、警告控制等。

二、程序填空

1. 预处理命令可以用来定义常量，请在下列程序中填写正确的预处理命令以定义 PI 的值为 3.14159。

```
#include<stdio.h>

    [1]   //填写预处理命令
```

```
int main()
{
        printf("The value of PI is: %f\n", PI);
        return 0;
}
```

【答案】 [1] #define PI 3.14159。

2. 使用条件编译命令，编写一个程序，使之根据 DEBUG 宏的定义情况来决定是否输出调试信息。

```
#include<stdio.h>
    [2]_____//填写预处理命令
int main()
{
        int x = 10; int y = 20; int sum = x + y;
        [3]_____//填写预处理命令
            printf("Debug: x=%d, y=%d, sum=%d\n", x, y, sum);
        [4]_____//填写预处理命令
        printf("The sum is: %d\n", sum);
        return 0;
}
```

【答案】 [2] #define DEBUG，[3] #ifdef DEBUG，[4] #endif。

3. 使用#include 预处理命令，将 math.h 头文件包含到程序中，以便在程序中使用数学函数 sqrt。

```
#include<stdio.h>
    [5]_____//填写预处理命令
 int main()
 {
        double num = 25.0; double result = sqrt(num);
        printf("The square root of %f is %f\n", num, result);
         return 0;
}
```

【答案】 [5] #include <math.h>。

三、阅读程序并写出运行结果

1. 如果 VERSION 定义为 1，下面程序的运行结果是什么？

```
#include<stdio.h>
#define VERSION 2
int main()
{
    #if VERSION == 1
```

```
        printf("Version 1\n");
    #elif VERSION == 2
        printf("Version 2\n");
    #else
        printf("Unknown Version\n");
    #endif

    #if defined(__STDC__)
        printf("Standard C Compiler\n");
    #else
        printf("Non-Standard C Compiler\n");
    #endif
    return 0;
}
```

【答案】 程序运行结果为

Version 1

Standard C Compiler

【解析】 在预处理阶段，#if VERSION == 1 条件为真，因此程序会执行"printf("Version 1\n");"语句。而其他条件都为假，因此程序不会执行其他版本相关的 printf 语句。

2. 下面程序运行的结果是什么？

```
#include<stdio.h>
#define CONCAT(a, b) a##b
#define TO_STRING(x) #x
int main()
{
    int xy = 10;
    printf("Value of xy: %d\n", CONCAT(x, y));
    printf("Stringified: %s\n", TO_STRING(CONCAT(x, y)));
    return 0;
}
```

【答案】 程序运行结果为

Value of xy: 10

Stringified: xy

【解析】 该程序的输出是"Value of xy: 10"和"Stringified: xy"，因为宏 CONCAT(x, y) 将参数拼接成变量名 xy，而宏 TO_STRING(CONCAT(x, y))将其字符串化为"xy"。

3. 下面程序运行的结果是什么？

```
#include<stdio.h>
#define DOUBLE(x) ((x) + (x))
#define INCREMENT(x) ((x) + 1)
```

```c
int main()
{
    int a = 5;
    int b = DOUBLE(INCREMENT(a));
    printf("Result: %d\n", b);
    return 0;
}
```

【答案】 程序运行结果为

Result: 12

【解析】 宏 DOUBLE(x)在预处理阶段被替换为((x) + (x))。宏 INCREMENT(x)在预处理阶段被替换为((x) + 1)。

4. 下面程序运行的结果是什么？

```c
#include<stdio.h>
#define INCREMENT(x) ((x) + 1)
#define MULTIPLY(x, y) ((x) * (y))
#define SQUARE_AND_INCREMENT(x) INCREMENT(MULTIPLY((x), (x)))
int main()
{
    int a = 3;
    int b = SQUARE_AND_INCREMENT(a);
    int c = SQUARE_AND_INCREMENT(a + 1);
    printf("Result 1: %d\n", b);
    printf("Result 2: %d\n", c);
    return 0;
}
```

【答案】 程序运行结果为

Result 1: 10

Result 2: 17

【解析】 对于 SQUARE_AND_INCREMENT(a)，替换为 "(((a) * (a)) + 1)"，即 "((3 * 3) + 1)"，结果是 10。

对于 SQUARE_AND_INCREMENT(a + 1)，替换为 "(((a + 1) * (a + 1)) + 1)"，因为宏展开时 a + 1 被视为整体，结果是 "((4 * 4) + 1)"，即 17。

5. 下面程序运行的结果是什么？

```c
#include<stdio.h>
#define STRINGIFY(x) #x
#define CONCATENATE(a, b) a##b
#define MAX(a, b) ((a) > (b) ? (a) : (b))
int main()
{
```

```
        int xy = 5;
        int xz = 10;
        printf("Stringify: %s\n", STRINGIFY(Hello World));
        printf("Concatenate: %d\n", CONCATENATE(x, y));
        printf("Max of 5 and 10: %d\n", MAX(5, 10));
        printf("Max of xy and xz: %d\n", MAX(xy, xz));
        return 0;
    }
```

【答案】 程序运行结果为

    Stringify: Hello World

    Concatenate: 5

    Max of 5 and 10: 10

    Max of xy and xz: 10

【解析】 STRINGIFY(Hello World)替换为"Hello World"。CONCATENATE(x, y)替换为 xy，即变量 xy 的值 5。MAX(5, 10)替换为((5) > (10) ? (5) : (10))，结果是 10。MAX(xy, xz) 替换为((xy) > (xz) ? (xy) : (xz))，即((5) > (10) ? (5) : (10))，结果是 10。

四、编程题

1. 输入两个整数，求它们相除的余数。要求用带参的宏来实现程序。

【答案】 参考程序如下：

```
#include<stdio.h>
#define remainder(a,b) a%b                //自己定义的
#define remainder(a,b) ((a)%(b))
void main(void)
{
    int a;
    int b;
    int tmp;
    printf("Please input two integers:");
    scanf("%d%d", &a, &b);
    printf("%d 和%d 相除的余数为：%d\n", a, b, a%b);
}
```

此程序运行结果为

    Please input two integers:9995 3

    9995 和 3 相除的余数为：2

2. 给定年份 year，定义一个宏，以判别该年份是否为闰年。提示：宏可以定义 LEAP_YEAR，形参为 y，即定义宏的形式为

    #define LEAP_YEAR(y) (读者设计的字符串)

在程序中用以下语句输出结果：

```
if(LEAP_YEAR(year)){ printf("%d is a leap year.\n", year); }
```

【答案】 参考程序如下：

```
#include<stdio.h>
#define LEAP_YEAR(y)    (y%400 == 0 || (y%4==0    &&    y%100!=0))
void main(void)
{
        int year;
        printf("请输入一个年份：");
        scanf("%d", &year);
        if(LEAP_YEAR(year))
        {
            printf("%d is a leap year.\n", year);
        }
        else
        {
            printf("%d is not a leap year.\n", year);
        }
}
```

此程序一次运行结果为

```
请输入一个年份：2312
2312 is a leap year.
```

3. 设计所需的各种各样的输出格式(包括整数、实数、字符串等)，用一个文件名 "format.h"，把信息都放到这个文件内，另编一个程序文件，用命令#include "format.h"来确保能使用这些格式。

【答案】 参考程序如下：

```
#ifndef _FORMAT_H
#define _FORMAT_H
#define    INTEGER(d)    printf("%d\n", d)
#define    FLOAT(f)    printf("%8.2f\n", f)
#define    STRING(s)    printf("%s\n", s)
#endif
#include<stdio.h>
#include"format.h"
void main(void)
{
        int d;
        float f;
        char s[80];
```

```
        int num;
        printf("选择数据格式：1-integer, 2-float, 3-string:");
        scanf("%d", &num);
        switch(num)
    {
            case 1:
                printf("input integer: ");
                scanf("%d", &d);
                INTEGER(d);
                break;
            case 2:
                printf("input float: ");
                scanf("%f", &f);
                FLOAT(f);
                break;
            case 3:
                printf("input string: ");
                scanf("%s", s);
                STRING(s);
                break;
            default:
                printf("input error.\n");
    }
    }
```

此程序运行结果为

选择数据格式：1-integer, 2-float, 3-string:2

input float: 3.656565

3.66

4. 某软件公司开发了一个跨平台的应用程序，需要根据不同的操作系统和编译器进行适配。该应用程序的一部分功能在不同的操作系统下可能有所差异，故同时需要兼容不同的编译器特性。编写一个程序，使用条件编译和宏定义来实现以下功能：

如果编译器支持 C99 标准，则兼容 C99 标准的特性。

如果操作系统是 Windows，则包含 Windows 特定的头文件和函数。

如果操作系统是 Linux，则包含 Linux 特定的头文件和函数。

在调试模式下，打印每个条件的编译结果。

【答案】　参考程序如下：

```
#include<stdio.h>
//定义宏来检查编译器是否支持 C99 标准
#if defined(__STDC_VERSION__) && __STDC_VERSION__ >= 199901L
```

```
    #define C99_SUPPORTED
#endif
//定义宏来检查操作系统是 Windows 还是 Linux
#if defined(_WIN32) || defined(_WIN64)
    #define WINDOWS_OS
#elif defined(__linux__)
    #define LINUX_OS
#endif
int main()
{
    //调试模式下打印条件编译结果
    #ifdef C99_SUPPORTED
        printf("C99 standard is supported.\n");
    #else
        printf("C99 standard is not supported.\n");
    #endif
    #ifdef WINDOWS_OS
        printf("Windows operating system detected.\n");
    #endif
    #ifdef LINUX_OS
        printf("Linux operating system detected.\n");
    #endif
    return 0;
}
```

5. 某在线购物平台用一个程序来计算购物车中所有商品的总价。购物车中有多种商品，每种商品有不同的价格和数量。计算每种商品的总价并打印出购物车中所有商品的总价。

【答案】 参考程序如下：

```
#include<stdio.h>
#define DEBUG 1
#define PRINT_BOOK_INFO(title, author, quantity)
printf("Title: %s, Author: %s, Quantity: %d\n", title, author, quantity)
#define TOTAL_QUANTITY(book1, book2, book3) (book1 + book2 + book3)
int main()
{
    const char* book1_title = "1984";
    const char* book1_author = "George Orwell";
    int book1_quantity = 5;
    const char* book2_title = "To Kill a Mockingbird";
```

```
        const char* book2_author = "Harper Lee";
        int book2_quantity = 3;
        const char* book3_title = "The Great Gatsby";
        const char* book3_author = "F. Scott Fitzgerald";
        int book3_quantity = 4;
    #if DEBUG
        PRINT_BOOK_INFO(book1_title, book1_author, book1_quantity);
        PRINT_BOOK_INFO(book2_title, book2_author, book2_quantity);
        PRINT_BOOK_INFO(book3_title, book3_author, book3_quantity);
    #endif
        int total_books = TOTAL_QUANTITY(book1_quantity, book2_quantity, book3_quantity);
        printf("Total number of books: %d\n", total_books);
        return 0;
    }
```

9.2   上机实验指导

一、实验目的

(1) 理解编译预处理的概念。

(2) 掌握预处理命令如#define、#include、#ifdef 等的使用。

(3) 熟悉预处理器的工作原理。

(4) 能应用预处理命令解决实际问题。

二、实验范例

1. 角色互换

定义一个带参的宏，使两个参数的值互换，输入两个数作为使用宏时的实参，输出已交换后的两个值。

程序如下：

```
/*sqfl9_1.c*/
#include<stdio.h>
#define swap(a,b) tmp = a;   a = b; b = tmp;
void main(void)
{
    int a;
    int b;
    int tmp;
```

```
        printf("Please input two integers:");
        scanf("%d%d", &a, &b);
        swap(a,b);
        printf("交换后的值为：%d，%d\n", a, b);
    }
```

2. 输出实数

请设计输出实数的格式，格式包括一行输出一个实数、一行内输出两个实数、一行内输出三个实数。实数用"6.2f"格式输出。

程序如下：

```
/*sqfl9_2.c*/
#include<stdio.h>
#define   PR    printf
#define   NL    "\n"
#define   Fs    "%f"
#define   F    "%6.2f"
#define   F1    F NL
#define   F2    F"\t"F NL
#define   F3    F"\t"F"\t"F NL
void main(void)
{
        float a;
        float b;
        float c;
        PR("Please input three floating number:\n");
        scanf(Fs, &a);
        scanf(Fs, &b);
        scanf(Fs, &c);
        PR(NL);
        PR("output one floating number each line:\n");
        PR(F1, a);
        PR(F1, b);
        PR(F1, c);
        PR(NL);
        PR("output two floating number each line:\n");
        PR(F2, a, b);
        PR(F1, c);
        PR(NL);
        PR("output three floating number each line:\n");
```

```
            PR(F3, a, b, c);
            PR(NL);
        }
```

三、实验任务

(1) 现有一个多用户博客平台，不同的用户有不同的权限和角色。管理员可以查看和修改所有博客内容，作者可以发布和编辑自己的博客，普通用户只能查看博客内容。请编写一个程序，使用预处理命令来根据用户权限定义不同的操作功能，并确保用户在执行操作时具有相应的权限。

(2) 假设你正在开发一个跨时区的在线会议系统。该系统需要根据用户所在地区的时区来确定会议开始的时间，并确保所有参会者能够按时参加。请编写程序，使用预处理指令来根据不同地区的宏定义输出对应的会议开始时间，注意考虑夏令时节的影响。

(3) 写出实验报告。实验报告要求如下：

① 写出解决问题的算法思路，画出程序流程图。

② 根据算法思路或程序流程图编写源程序。

③ 记录源程序在上机调试时出现的各种问题及其解决方法。

④ 总结本次实验的经验与教训。

第10章 文　　件

一、选择题

1. 以下可作为 fopen()函数中第一个参数的正确格式是(　　)。

A. "c:\myfile\1.text"　　　　　　　B. "c:\myfile\1.txt"

C. "c:\myfile\1"　　　　　　　　　D. "c:\\myfile\\1.txt"

【答案】 D。

【解析】 fopen()函数的第一个参数表示文件名，文件名中的"\"应该用转义字符表示，即"\\"。

2. 以只写方式打开文本 my.dat 的正确写法是(　　)。

A. fopen("my.dat","rb")　　　　　　B. fp=fopen("my.dat","r")

C. fopen("my.dat","wb")　　　　　　D. fp=fopen("my.dat","w")

【答案】 D。

【解析】 fopen()函数的第一个参数表示文件名，第二个参数表示打开文件的方式，"r"表示读方式，"w"表示写方式等。

3. 若执行 fopen()函数时发生错误，则函数的返回值是(　　)。

A. 地址值　　　　　B. 0　　　　　C. 1　　　　　D. NULL

【答案】 D。

【解析】 如果 fopen()函数调用成功，则返回指向打开文件的一个文件型的指针；如果打开不成功，则返回一个 NULL。

4. 已知 fread()函数的调用格式为 fread(buffer,size,count,fp)，其中 buffer 代表的是(　　)。

A. 一个整型变量，代表要读入的数据项总数

B. 一个文件指针，指向要读的文件

C. 一个指针，指向存储读入数据的存储区

D. 一个存储区，存放要读的数据项

【答案】 D。

【解析】 fread()函数的第一个参数是一个指针，指出从文件中读出的数据存放到内存

什么地方。

5. 设有以下结构类型：

```
struct student
{
    char name[10];
    float score[5];
}stu[20];
```

并且结构类型数组 stu 中的元素都已有值，若要将这些元素写到硬盘文件 fp 中，以下不正确的形式是()。

    A. fwrite(stu,sizeof(stuct student),20,fp)

    B. fwrite(stu,20*sizeof(stuct student),1,fp)

    C. fwrite(stu,20*sizeof(stuct student),2,fp)

    D. for(i=0;i<20;i++)　fwrite(stu+i,sizeof(stuct student),1,fp)

【答案】　C。

【解析】　C 选项是把"20*sizeof(stuct student)*2"字节写到文件中，该字节数多于数组实际的字节数"20*sizeof(stuct student)"。

6. 以下不能将文件位置指针重新移到文件开头位置的函数语句是(　　)。

    A. rewind(fp);

    B. fseek(fp,0,SEEK_SET);

    C. fseek(fp,-(long)ftell(fp),SEEK_CUR);

    D. fseek(fp,0,SEEK_END);

【答案】　D。

【解析】本题考查 fseek()函数的用法。D 选项中，从文件末尾(第三个参数 SEEK_END)向前移动 0(第二个参数)个字节，显然不能移到文件开头位置。

7. 若有以下程序，使用命令"myfile　file1　file2"的功能是(　　)。

```
/*文件名 myfile.c*/
int main(int argc,char *argv[])
{
    FILE *fp1,*fp2;
    if(argc<3)
    {
        printf("Usage: myfile filename1 filename2\n");
        exit(0);
    }
    fp1=fopen(argv[1],"r");
    fp2=fopen(argv[2],"w");
    while(!feof(fp1))
        fputc(fgetc(fp1),fp2);
    fclose(fp1);
```

```
        fclose(fp2);
        return 0;
    }
```

A. 将 file1 文件复制到 file2 文件

B. 将 file2 文件复制到 file1 文件

C. 读取 file1 文件的内容并在屏幕上显示出来

D. 读取 file2 文件的内容并在屏幕上显示出来

【答案】 A。

【解析】 使用命令后，argv[1]的值是"file1"，argv[2]的值是"file2"。

8. 下面程序的功能是(   )。

```
#include<stdio.h>
int main()
{
    FILE *fp;
    fp=fopen("myfile","r+");
    while(!feof(fp))
            if(fgetc(fp)=='*')
            {
                fseek(fp,-1L,SEEK_CUR);
                fputc('$',fp);
                fseek(fp,ftell(fp),SEEK_SET);
            }
    fclose(fp);
    return 0;
}
```

A. 将 myfile 文件中的 "*" 替换成"$"

B. 查找 myfile 文件中 "*"

C. 查找 myfile 文件中 "$"

D. 将 myfile 文件中的所有字符均替换成 "$"

【答案】 A。

【解析】 本题考查 fseek()函数的使用。在文件中读取一个字符"*"后，其内部指针已经指向了"*"之后的那个字符。此时用 fseek()函数回退一个字符的位置，并输出"$"，实际上相当于用"$"替换"*"。

9. 以下程序的运行结果是(   )。

```
#include<stdio.h>
#include<stdlib.h>
int main()
{
    FILE *fp;
```

```
        char *str1="first",*str2="second";
        if((fp=fopen("myfile","w+"))==NULL)
        {
                printf("Can't open file!\n");
                exit(0);
        }
        fwrite(str2,6,1,fp);
        fseek(fp,0L,SEEK_SET);
        fwrite(str1,5,1,fp);
        fclose(fp);
        return 0;
    }
```

　　A. first　　　　　　　B. second　　　　　　C. firstd　　　　D. 为空

【答案】　C。

【解析】　本题考查 fseek()函数的使用。向文件写入"second"后，文件内部指针调整到文件首，写入"first"将"second"覆盖，所以最后文件的内容为"firstd"。

二、程序填空

　　1. 下面的程序用于从键盘输入一个以`?`为结束标志的字符串，并将它存入指定的文件my.txt 中。

```
        #include<stdio.h>
        #include<stdlib.h>
        int main()
        {
            FILE *fp;
            char ch;
            if((   [1]   )==NULL)
            {
                printf("不能打开文件\n");
                exit(0);
            }
            ch=getchar();
            while(   [2]   )
            {
                fputc(ch,fp);
                   [3]   ;
            }
            fclose(fp);
            return 0;
        }
```

【答案】　[1] fp=fopen("my.txt","w")，[2] ch!='?'，[3] ch=getchar()。

【解析】　空[1] 表示打开指定名字的文件，并向文件中写入内容，所以要以"w"方式打开。由于题目要以 '?' 作为结束标志，每次向文件写入字符前必须判断当前字符是否为 '?'，因此空[2]应填 ch!='?'。向文件中写入一个字符后，需要继续输入下一个字符，故空[3]应填 ch=getchar()。

2. 下面的程序用于统计 C 盘根目录下的 my.txt 文件中字符的个数。

```
#include<stdio.h>
#include<stdlib.h>
int main()
{
    FILE *fp;
    char ch;
    long num=0;
    if(   [4]   )
    {
        printf("Can't open file!\n");
        exit(0);
    }
    while(   [5]   )
    {
        fgetc(fp);
          [6]  ;
    }
    printf("%ld",num);
    fclose(fp);
    return 0;
}
```

【答案】　[4] (fp=fopen("c:\\my.txt","r"))==NULL，[5] !feof(fp)，[6] num++。

【解析】　空[4] 表示检验文件是否成功打开，由于题目只需要统计文件内容，所以以只读方式打开。空[5]表示检测文件是否处于文件结束位置，文件未结束时返回值为 0。空[6]表示记录字符个数，每次进入循环时加 1。

3. 下面的程序用于读取并显示一个字符文件的内容。

```
#include<stdio.h>
#include<stdlib.h>
int main(int argc,char *argv[])
{
    FILE *fp;
    char ch;
    if((fp=fopen(argv[1],"r"))==   [7]   )
```

```
        {
                puts("Can't open file!");
                exit(0);
        }
        while((ch=fgetc(__[8]__))!=__[9]__)
            printf("%c",__[10]__);
        fclose(fp);
        return 0;
    }
```

【答案】 [7] NULL，[8] fp，[9] EOF，[10] ch。

【解析】 文件若打开失败，则返回值为 NULL，故空[7]应填 NULL。fgetc()函数的参数是指向需要被操作文件的文件指针，故空[8]填入 fp。空[9]表示如果读取的文件已到文件尾，函数返回一个 EOF。fgetc()函数会将从文件中读取到的字符赋给变量 ch，故空[10]应填 ch。

4. 下面的程序用于把从终端读入的 10 个整数以二进制方式写到一个名为 bi.dat 的新文件中。

```
        #include<stdio.h>
        #include<stdlib.h>
        FILE *fp;
        int main()
        {
            int i,j;
            if((fp=fopen(____[11]____,"wb"))==NULL)
                exit(0);
            for(i=0;i<10;i++)
            {
                scanf("%d",&j);
                fwrite(&j,sizeof(int),1,__[12]__);
            }
            fclose(fp);
            return 0;
        }
```

【答案】 [11] "bi.dat"，[12] fp。

【解析】 空[11]表示指定打开的文件路径及文件名。fwrite()函数的作用是把数据项写入已经打开的文件中，需要给定将要被写入的文件的文件指针，故空[12]应填 fp。

三、阅读程序并写出运行结果

1. 阅读下列程序并写出运行结果。

```
        #include<stdio.h>
```

```
#include<stdlib.h>
int main()
{
    int i,n;
    FILE *fp;
    if((fp=fopen("temp","w+"))==NULL)
    {
        printf("不能建立 temp 文件\n");
        exit(0);
    }
    for(i=1;i<=10;i++)
        fprintf(fp,"%3d",i);
    for(i=0;i<10;i++)
    {
        fseek(fp,i*3L,SEEK_SET);
        fscanf(fp,"%d",&n);
        printf("%3d",n);
    }
    fclose(fp);
    return 0;
}
```

【答案】 程序运行结果为

　1　2　3　4　5　6　7　8　9　10

【解析】 第一个 for 循环中，对文件进行写操作时，由于按照"%3d"的格式写入 1～10 的数字，因此每个数字前都有两个空格。第二个 for 循环中，fseek()函数使文件指针每次从文件起始位置往后移动"i*3"个位置。尽管文件指针每次都指向空格处，但 fscanf()函数在读取文件时会跳过前面的空格、换行符、制表符，读入一个整数(整数后的空格不属于数字范畴，这和 scanf()函数输入整数时是一样的情况)，printf()按照"%3d"的格式将读入的数字输出(每个数字前都有两个空格)。

2. 阅读下列程序并写出运行结果。

```
#include<stdio.h>
#include<stdlib.h>
int main()
{
    int i,n;   FILE *fp;
    if((fp=fopen("temp","w+"))==NULL)
    {
        printf("不能建立 temp 文件\n");
        exit(0);
```

```
    }
    for(i=1;i<=10;i++)
        fprintf(fp,"%3d",i);
    for(i=0;i<10;i++)
    {
        fseek(fp,i*3L,SEEK_SET);
        fscanf(fp,"%d",&n);
        fseek(fp,i*3L,SEEK_SET);
        printf("%3d",n+10);
    }
    for(i=0;i<5;i++)
    {
        fseek(fp,i*6L,SEEK_SET);
        fscanf(fp,"%d",&n);
        printf("%3d",n);
    }
    fclose(fp);
    return 0;
}
```

【答案】 程序运行结果为

11 12 13 14 15 16 17 18 19 20 1 3 5 7 9

【解析】 第二个 for 循环中会对读取的数字加 10，因此首先输出 11 到 20(每个数字前都有两个空格)。第三个 for 循环中，文件指针每次从文件起始位置往后移动"i*6"个位置，因此先后读出 1、3、5、7、9 的内容。

3. 假设在 D 盘根目录下有一文件 student.txt，存入的是学生的成绩，内容如下：

zhao 82 qian 86 sun 99 li 98 zhou 78

阅读下列程序并写出运行结果。

```
#include<stdio.h>
#include<stdlib.h>
int main()
{
    int i,SCORE;
    char NAME[10];
    FILE *fp;
    if((fp=fopen("d:\\student.txt","rb"))==NULL)
    {
        printf("Can't read file:student.txt\n");
        exit(0);
    }
```

```
        printf("          NAME          SCORE\n");
        while(!feof(fp))
        {
            fscanf(fp,"%s %d",NAME,&SCORE);
            printf("%10s%10d\n",NAME,SCORE);
        }
        fclose(fp);
        return 0;
    }
```

【答案】 程序运行结果为

NAME	SCORE
zhao	82
qian	86
sun	99
li	98
zhou	78

【解析】 文件指针 fp 首先指向存放数据的文件。fscanf()函数按指定的格式从"文件指针"指向的磁盘文件上将数据写入"输入表列"指定的数据缓存区中，因此每次按"%s %d"的格式读取数据并写入字符数组 NAME 和整型变量 SCORE 中，然后 printf()函数输入两个变量的内容并换行。当文件读取到结束位置时，while 循环结束。

四、编程题

1. 打开一个文本文件 d:\temp.txt，将其全部内容显示在屏幕上。

【答案】 参考程序如下：

```
#include<stdio.h>
#include<stdlib.h>
int main()
{
    FILE *fp;
    char ch;
    fp=fopen("d:\\temp.txt","r");
    if (!fp)
    {
        printf("Can't open file:d:\\temp.txt\n");
        exit(0);
    }
    ch=fgetc(fp);
    while (ch!=EOF)
    {
```

```
            putchar(ch);
            ch=fgetc(fp);
        }
        fclose(fp);
        return 0;
    }
```

2. 从键盘输入一些字符，逐个把它们存入磁盘文件，直到输入一个"#"为止。

【答案】　参考程序如下：

```
#include<stdio.h>
#include<stdlib.h>
int main()
{
    FILE *fp;
    char ch,filename[10];
    scanf("%s",filename);
    if((fp=fopen(filename,"w"))==NULL)
    {
        printf("cannot open file\n");
        exit(0);
    }
    ch=getchar();
    while(ch!='#')
    {
        fputc(ch,fp);
        putchar(ch);
        ch=getchar();
    }
    fclose(fp);
    return 0;
}
```

3. 从键盘输入一个字符串，将英文小写字母全部转换成英文大写字母，然后输出到一个磁盘文件"test"中保存。输入的字符串以"!"结束。

【答案】　参考程序如下：

```
/#include<stdio.h>
#include<stdlib.h>
int main()
{
    FILE *fp;
    char str[100],filename[10];
```

```
        int i=0;
        if((fp=fopen("test","w"))==NULL)
        {
            printf("cannot open the file\n");
            exit(0);
        }
        printf("please input a string:\n");
        gets(str);
        while(str[i]!='!')
        {
            if(str[i]>='a'&&str[i]<='z')
                str[i]=str[i]-32;
            fputc(str[i],fp);
            i++;
        }
        fclose(fp);
        fp=fopen("test","r");
        fgets(str,strlen(str)+1,fp);
        printf("%s\n",str);
        fclose(fp);
        return 0;
    }
```

4. 有两个磁盘文件 A 和 B，各存放一行字母，要求把这两个文件中的信息合并(按字母顺序排列)并输出到一个新文件 C 中。

【答案】 参考程序如下：

```
    #include<stdio.h>
    #include<stdlib.h>
    int main()
    {
        FILE *fp;
        int i,j,n,ni;
        char c[160],t,ch;
        if((fp=fopen("A","r"))==NULL)
        {
            printf("file A cannot be opened\n");
            exit(0);
        }
        printf("\n A contents are :\n");
        for(i=0;(ch=fgetc(fp))!=EOF;i++)
```

```
        {
            c[i]=ch;
            putchar(c[i]);
        }
        fclose(fp);
        ni=i;
        if((fp=fopen("B","r"))==NULL)
        {
            printf("file B cannot be opened\n");
            exit(0);
        }
        printf("\n B contents are :\n");
        for(;(ch=fgetc(fp))!=EOF;i++)
        {
            c[i]=ch;
            putchar(c[i]);
        }
        fclose(fp);
        n=i;
        for(i=0;i<n;i++)
            for(j=i+1;j<n;j++)
            if(c[i]>c[j])
            {
                t=c[i];c[i]=c[j];c[j]=t;
            }
        printf("\n C file is:\n");
        fp=fopen("C","w");
        for(i=0;i<n;i++)
        {
            putc(c[i],fp);
            putchar(c[i]);
        }
        fclose(fp);
        return 0;
    }
```

(注意：在调试时，文件 A、B 和 C 都要给出具体的包含路径的文件名)

5. 有五个学生，每个学生有三门课的成绩，从键盘输入数据(包括学号、姓名、三门课成绩)，计算出平均成绩，并将原有的数据和计算出的平均成绩存放在磁盘文件"stud"中。

【答案】 参考程序如下：

```c
#include<stdio.h>
struct student
{
    char num[6];
    char name[8];
    int score[3];
    float avr;
} stu[5];
int main()
{
    int i,j,sum;
    FILE *fp;
    for(i=0;i<5;i++)                                /*input*/
    {
        printf("\n please input No. %d score:\n",i+1);
        printf("stuNo:");
        scanf("%s",stu[i].num);
        printf("name:");
        scanf("%s",stu[i].name);
        sum=0;
        for(j=0;j<3;j++)
        {
            printf("score %d.",j+1);
            scanf("%d",&stu[i].score[j]);
            sum+=stu[i].score[j];
        }
        stu[i].avr=sum/3.0;
    }
    fp=fopen("stud","w");
    for(i=0;i<5;i++)
        if(fwrite(&stu[i],sizeof(struct student),1,fp)!=1)
            printf("file write error\n");
    fclose(fp);
    return 0;
}
```

6. 编写一个 display.c 程序，实现文件的 ASCII 码和对应字符的显示。例如，display example.c 的部分结果如下所示：

000000:   2f   2a   65   78   61   6d   70   6c   65   2e   63   2a   2f   0a   23   69

000010:	6e	63	6c	75	64	65	20	3c	73	74	64	69	6f	2e	68	3e
000020:	0a	23	69	6e	63	6c	75	64	65	20	3c	73	74	64	6c	69
000030:	62	2e	68	3e	0a	23	69	6e	63	6c	75	64	65	20	3c	63
000040:	6f	6e	69	6f	2e	68	3e	0a	6d	61	69	6e	28	69	6e	74
000050:	20	61	72	67	63	2c	20	63	68	61	72	20	2a	61	72	67
000060:	76	5b	5d	29	0a	7b	0a	09	63	68	61	72	20	6c	65	74
000070:	74	65	72	5b	31	37	5d	3b	0a	09	69	6e	74	20	63	2c
000080:	69	2c	63	6f	75	6e	74	3b	0a	09	46	49	4c	45	20	2a
000090:	66	70	3b	0a	09	66	72	65	6f	20	65	6e	28	22	64	3a
0000a0:	5c	5c	64	2e	6f	75	74	22	2c	22	77	22	2c	73	74	64
0000b0:	6f	75	74	29	3b	0a	09	69	66	28	61	72	67	63	3c	32
0000c0:	29	0a	09	7b	0a	09	09	70	72	69	6e	74	66	28	22	55

【答案】　参考程序如下：

```
#include<stdio.h>
#include<stdlib.h>
int main(int argc,char *argv[])
{
    char letter[17];
    int c,i,count;
    FILE *fp;
    if(argc<2)
    {
        printf("Usage:display filename\n");
        exit(0);
    }
    if((fp=fopen(argv[1],"r"))==NULL)
    {
        printf("Can't open file:%s\n",argv[1]);
        exit(0);
    }
    count=0;
    do
    {
        i=0;
        printf("%06x",count *16);          /*显示行首址*/
        while((c=fgetc(fp))!=EOF)           /*显示 ASCII 码*/
        {
            printf(" %02x",c);
            if(c<' '||c>0x7e)
```

```
            letter[i]='.';
        else
            letter[i]=c;
        if(++i==16)                    /*每行显示 16 个字符的 ASCII 码*/
            break;
    }
    letter[i]='\0';
    if(i!=16)
        for(;i<16;i++)
            printf("    ");
    printf(" %s\n",letter);
    count++;
    if(count%10==0)
    {
        printf("Press a key to continue...\n");
        getchar();
    }
}while(c!=EOF);
fclose(fp);
return 0;
}
```

7. 编写一个程序，实现文件的复制。

【答案】 参考程序如下：

```
/*copy_file.c*/
#include<stdio.h>
#include<stdlib.h>
int main(int argc,char *argv[])
{
    char c;FILE *fp1,*fp2;
    if(argc<3)
    {
        printf("Usage:copy_file filename1 filename2\n");
        exit(0);
    }
    if((fp1=fopen(argv[1],"r"))==NULL)
    {
        printf("Can't open file:%s\n",argv[1]);
        exit(0);
    }
```

```
        if((fp2=fopen(argv[2],"w"))==NULL)
        {
            printf("Can't create file:%s\n",argv[2]);
            exit(0);
        }
        while((c=fgetc(fp1))!=EOF)
            fputc(c,fp2);
        fclose(fp1);
        fclose(fp2);
        return 0;
}
```

10.2　上机实验指导

一、实验目的

(1) 掌握文件类型指针(FILE 类型)的定义。

(2) 掌握文件操作函数 fopen()、fclose()、fread()、fseek()、fwrite()和 rewind()等的使用方法。

(3) 掌握文件操作的程序设计方法。

二、实验范例

1. 文件字符操作

编写一个程序，从键盘输入一个文件名，然后把键盘输入的字符存放到该文件中，且用"#"作为结束输入的标志。

程序如下：

```
/*syfl10_1.c*/
#include<stdio.h>
#include<stdlib.h>
int main()
{
    FILE *fp;
    char ch,fname[10];
    puts("Please input name of file\n");
    gets(fname);
    if((fp=fopen(fname,"w"))==NULL)
    {
```

```
            puts("cannot open file.");
            exit(0);
        }
        printf("Please enter data\n");
        while((ch=getchar())!='#')
            fputc(ch,fp);
        fclose(fp);
        return 0;
    }
```

2. 文件字符串读写

编写一个程序，将 syfl10_1.c 文件中的前 9 个字符以字符串形式写入内存，再以字符串形式追加到文件的末尾。

程序如下：

```
/*syfl10_2.c*/
#include<stdio.h>
int main()
{
    char *str = (char *)malloc(10 * sizeof(char));          /*需要 10 个字节存储*/
    FILE *fp;
    fp = fopen("文件路径+文件名+文件后缀", "r");
    fgets(str, 10, fp);                          /*读取 10-1 个字符，最后一处添加结束符*/
    printf("%s", str);
    fclose(fp);
    fp = fopen("文件路径+文件名+文件后缀", "a");
    fputs(str, fp);
    fclose(fp);
    return 0;
}
```

3. 文件格式化读写

编写一个程序，将斐波那契数列的前 30 项写入文件(要求每 5 个数换行)，再将文件中所有的奇数显示到屏幕上，并记录奇数项的个数。

程序如下：

```
/*syfl10_3.c*/
#include<stdio.h>
int main()
{
    FILE* fp;
    fp = fopen("number.txt", "a+");                    /*以追加方式打开文件*/
```

```
        int a[30] = { 0,1 };                              /*给前两项直接赋值为 0、1*/
        int flag = 0;
        fprintf(fp, "%d\t%d\t", a[0],a[1]);               /*将前两项直接写入文件*/
        int i, count = 0;
        for (i = 2;i <= 29;i++)
        {
                a[i] = a[i - 1] + a[i - 2];
                fprintf(fp, "%d\t", a[i]);
                count++;
                if (flag == 0 && count % 3 == 0)          /*写入两项后，第一行需 3 个数*/
                {
                        fprintf(fp, "%c", '\n');
                        flag = 1;                         /*只有第一行需要特殊处理，其他行不需要*/
                        count = 0;
                }
                else if(flag == 1 && count % 5 == 0)
                        fprintf(fp, "%c", '\n');
        }
        fclose(fp);
        fp = fopen("number.txt", "r");                    /*以只读方式打开文件*/
        int num = 0, j = 0;                               /*j 用来记录奇数项个数*/
        for (i = 0;feof(fp) == 0;i++)
        {
                fscanf_s(fp, "%d", &num);
                if (num % 2 == 1)
                {
                        printf("%d\t", num);
                        j++;
                }
        }
        printf("\n 斐波那契数列的前 30 项中有%d 个奇数", j);
        fclose(fp);
        return 0;
}
```

4. 文件数据块读写

编写一个程序，将下列学生信息写入 student.txt 文件中，再将第一个学生信息显示到屏幕上。学生信息如下：

学号	姓名	性别	年龄
001	张三	男	20
002	李雷	男	21
003	韩梅梅	女	20

程序如下：

```c
/*syfl10_4.c*/
#include<stdio.h>
#include<stdlib.h>
struct student
{
        char no[5];
        char name[10];
        char gender[5];
        short int age;
}stu[3], s;
int main()
{
    int i, j, sum;
    FILE* fp;
    for (i = 0;i < 3;i++)                       /*输入学生信息*/
    {
            printf("please input No. %d message:\n", i + 1);
            printf("no:");
            scanf("%s", stu[i].no);
            printf("name:");
            scanf("%s", stu[i].name);
            printf("gender:");
            scanf("%s", stu[i].gender);
            printf("age:");
            scanf("%d", &stu[i].age);
    }
    fp = fopen("student.txt", "w+");
    for (i = 0;i < 3;i++)                       /*以数据块形式写入*/
    {
            if (fwrite(&stu[i], sizeof(struct student), 1, fp) != 1)
                    printf("file write error\n");
            fputc("\n", fp);
    }
    rewind(fp);
```

```
        fread(&s, sizeof(struct student), 1, fp);        /*以数据块形式读出第一个学生信息*/
        printf("%s, %s, %s, %d", s.no, s.name, s.gender, s.age);
        fclose(fp);
        return 0;
    }
```

5. 文件定位

编写一个程序，将字符串"ABCDEFG"写入文件 test.txt 中，将偶数位的字母输出到显示屏上。

程序如下：

```
    /*syfl10_5.c*/
    int main()
    {
        FILE *fp;
        char ch;
        fp = fopen("test.txt","w+");
        fputs("ABCDEFG", fp);
        rewind(fp);                          /*将文件指针移动到文件开头*/
        while (feof(fp) == 0)
        {
            fseek(fp, 1, 1);                 /*跳出奇数位*/
            if (feof(fp) == 0)
            {
                ch=fgetc(fp);
                printf("%c", ch);
            }
        }
        fclose(fp);
        return 0;
    }
```

三、实验任务

编写程序并上机调试通过，然后写出实验报告。

(1) 编写一个 display.c 程序，实现文件的 ASCII 码和对应字符的显示。例如，display example.c 的部分结果如下所示：

```
000000:  2f  2a  65  78  61  6d  70  6c  65  2e  63  2a  2f  0a  23  69
000010:  6e  63  6c  75  64  65  20  3c  73  74  64  69  6f  2e  68  3e
000020:  0a  23  69  6e  63  6c  75  64  65  20  3c  73  74  64  6c  69
000030:  62  2e  68  3e  0a  23  69  6e  63  6c  75  64  65  20  3c  63
```

000040:	6f	6e	69	6f	2e	68	3e	0a	6d	61	69	6e	28	69	6e	74
000050:	20	61	72	67	63	2c	20	63	68	61	72	20	2a	61	72	67
000060:	76	5b	5d	29	0a	7b	0a	09	63	68	61	72	20	6c	65	74
000070:	74	65	72	5b	31	37	5d	3b	0a	09	69	6e	74	20	63	2c
000080:	69	2c	63	6f	75	6e	74	3b	0a	09	46	49	4c	45	20	2a
000090:	66	70	3b	0a	09	66	72	65	6f	20	65	6e	28	22	64	3a
0000a0:	5c	5c	64	2e	6f	75	74	22	2c	22	77	22	2c	73	74	64
0000b0:	6f	75	74	29	3b	0a	09	69	66	28	61	72	67	63	3c	32
0000c0:	29	0a	09	7b	0a	09	09	70	72	69	6e	74	66	28	22	55

(2) 编写一个程序，要求从键盘输入 n 条学生记录，输入内容为学生姓名 name、学号 num、两科成绩 score[0]和 score[1]。程序应能计算出每个学生的总分和平均成绩，并按总分排好名次。最后要求将所有学生记录按照排名后的顺序依次写入名为 student.txt 的文件中。

(3) 写出实验报告。实验报告要求如下：

① 写出解决问题的算法思路，并画出程序流程图。

② 根据算法思路或程序流程图编写源程序。

③ 记录源程序在上机调试时出现的各种问题及其解决方法。

④ 总结本次实验的经验与教训。

第 11 章　计算机算法基础

11.1　习题答案与解析

编程题

1. 全排列问题。给定一个不含重复数字的数组，返回其所有可能的全排列。

【答案】　此题可用回溯法求解，参考程序如下：

```c
#include<stdio.h>
void swap(int* a,int* b)                          /*交换*/
{
    int temp=*a;
    *a=*b;
    *b=temp;
}
void print(int* arr,int n)                        /*打印*/
{
    int i=0;
    for(i=0;i<=n;i++)
    {
        printf("%d ",arr[i]);
    }
}
void permut(int* arr,int p,int q)
{
    int i=0;
    if(p==q)
    {
        print(arr,q);
        printf("\n");
```

```
        }
        else
        {
                for(i=p;i<=q;i++)
                {
                        swap(&arr[p],&arr[i]);
                        permut(arr,p+1,q);
                        swap(&arr[i],&arr[p]);                    /*回溯*/
                }
        }
}
int main()
{
        int arr[100];
        int n=0;
        printf("请输入数字个数：");
        scanf("%d",&n);
        printf("请输入%d 个数字：\n",n);
        for(int i=0;i<n;i++)
        {
            scanf("%d",&arr[i]);
        }
        printf("所有排列如下：\n");
        permut(arr,0,n-1);
        return 0;
}
```

2. 立方变自身问题。某个数字的立方，按位累加仍然等于自身。例如：

$1^3 = 1$

$8^3 = 512，5+1+2=8$

$17^3 = 4913，4+9+1+3=17$

...

请你计算包括 1、8、17 在内，符合这个性质的正整数一共有多少个？

【答案】 此题可用穷举法求解，参考程序如下：

```
#include<stdio.h>
int main()
{
        int count=0;
        for (int i=1;i<50;i++)                    /*设置边界，避免死循环*/
        {
```

```
        int sum=0;
        int n=i*i*i;
        while(n>0)
        {
            int a=n%10;
            sum+=a;
            n=n/10;
        }
        if(sum==i)
        {
            printf("%d 满足条件\n",i);
            count++;
        }
    }
    printf("总共有%d 个数字满足。\n",count);
    return 0;
}
```

3. 卡片问题。小美有很多数字卡片，每张卡片都是数字 0 到 9 中的一个数。小美准备用这些卡片来拼一些数，她想从 1 开始拼出正整数，每拼一个，就保存起来，该卡片就不能用来拼其他数了。例如，当小美有 30 张卡片，其中 0 到 9 各 3 张，则小美可以拼出 1 到 10，但是拼 11 时数字 1 的卡片已经只有一张了，不够拼出 11。

现在小美手里有 0 到 9 的卡片各 2021 张，共 20 210 张，请问小美可以从 1 拼到多少？

【答案】　此题可用枚举法及十进制拆分求解，参考程序如下：

```
#include<stdio.h>
int main()
{
    int a[10],i,m,n,t;
    for(i=0;i<10;i++)
    {
        a[i] =2021;                    /*卡片赋值*/
    }
    for(m=1;;m++)                       /*当前数值*/
    {
        t=m;
        while(t!=0)                    /*判断一个数是否已判断完成*/
        {
            n=t%10;                    /*判断一个数的各个位上所用到的卡片*/
            t=t/10;                    /*取数的个十百千位*/
            switch(n)
```

```
                            {
                            case 1:a[1]--; break;
                            case 2:a[2]--; break;
                            case 3:a[3]--; break;
                            case 4:a[4]--; break;
                            case 5:a[5]--; break;
                            case 6:a[6]--; break;
                            case 7:a[7]--; break;
                            case 8:a[8]--; break;
                            case 9:a[9]--; break;
                            case 0:a[0]--; break;
                            }
                            if(a[n]==0)              /*如果 0 至 9 中的其中一种卡片用完，则退出*/
                                break;
                    }
                    if(a[n]==0)                      /*如果 0 至 9 中的其中一种卡片用完，则退出*/
                        break;
            }
            printf("%d\n",m);
            return 0;
    }
```

4. 子串定位问题。子串定位是指返回子串 t 在主串 s 中首次出现的位置，如果 s 中未出现 t，则返回−1。例如，主串为"helloworld"，子串为"world"，则子串在主串中首次出现的位置为 5。请编程实现上述子串定位功能。

【答案】 此题可用顺序查找方法求解，参考程序如下：

```
#include<stdio.h>
int index(char *s,char *t)
{
    int i,j,k;
    /*在主串中从 s[i]开始逐个与子串中的每个字符比较*/
    for (i=0;*(s+i)!='\0';i++)
    {
        for(j=i,k=0;*(t+k)!='\0' && *(s+j)==*(t+k);j++,k++);
        if (*(t+k)=='\0')
            return(i+1);                /*若子串已到串尾，则返回位置号*/
    }
    return(-1);
}
int main()
```

```
{
    char s1[50],s2[20];
    int n,i;
    printf("判定子串在主串中首次出现的位置:\n");
    printf("请输入主串:");
    gets(s1);
    printf("请输入子串:");
    gets(s2);
    n=index(s1,s2);
    if (n>0)
        printf("查找结果:子串位置为%d",n);
    else
        printf("查找结果:主串中不存在该子串!");
    return 0;
}
```

5. 约瑟夫问题。设有 n 个人围坐在一个圆桌周围(从 1 到 n 依次编号),现从第 s 个人开始报数,数到 m 的人出列;然后从出列的下一个人重新开始报数,数到 m 的人又出列……如此重复直到所有的人全部出列为止。如 n=10,s=1,m=6,则其出列顺序为 6、2、9、7、5、8、1、10、4、3。对于任意给定的 n、s 和 m,求出这 n 个人员的出列次序。

【答案】 此题可用穷举和循环队列顺序查找的方法求解。先将 n 个人的编号依次存入数组 A 中,再设一个报数计数器 k 进行报数,每从数组中读出一个元素,k 就加 1,若报数为 m,则出列并存入结果数组中。对于出列以后的元素,将其编号置为 0,下次将不会再参与报数。当读完最后一个元素之后,接着读第一个元素,这样实现循环报数,直到全部元素都被标记为 0 为止(此时出列元素个数为 n)。

参考程序如下:
```
#include<stdio.h>
#define   N 8
josephus(a,start,m,result)        /*a 数组存放人员编号(1~N),result 数组存出列顺序编号*/
int a[ ],start,m,result[ ];
{
    int i,k=0,j=0;
    for(i=start-1;i<N;)           /*从起始位置 start(数组下标要减 1)开始循环报数*/
    {
        if (a[i]!=0)              /*若编号不为 0*/
        {
            k++;                 /*报数计数器 k 加 1*/
            if(k==m)             /*若报的数为 m,则出列*/
            {
                result[j]=a[i];  /*将该数存入出列结果数组 result 中*/
```

```
            j++;                        /*出列元素个数 j 加 1*/
            a[i]=0;                     /*将该已出列的数的编号标记为 0*/
            k=0;                        /*报数计数器清 0，准备重新开始报数*/
            if (j==N) break;            /*若出列元素个数为 N，退出报数循环*/
          }
        }
        i++;                            /*循环控制变量 i 加 1，指向下一个元素*/
        if(i==N) i=0;                   /*若 i 指向最后一个元素之后，使它指向第 1 元素*/
      }
    }
int main()
{
    int A[N],S=1,M=4,B[N]={0};
    int i;
    for (i=0;i<N;i++)
        A[i]=i+1;                       /*将人员编号(1~N)存入数组 A 中*/
    josephus(A,S,M,B);
    printf("出列人员号码序列为:\n");
    for (i=0;i<N-1;i++)
        printf("%d-->",B[i]);           /*输出前 N - 1 个出列人员*/
    printf("%d\n",B[N-1]);              /*最后一个出列人员单独输出*/
    return 0;
}
```

6. n 皇后问题。在 n×n 的方阵棋盘上，试放 n 个皇后，每放一个皇后，必须满足该皇后与其他皇后互不攻击(即不在同一行、同一列、同一对角线上)，求出所有可能的情况。

【答案】 此题可用递归算法求解。由于每一行只能放一个皇后，因此程序采用一维数组 elem[NUM]存储各行皇后所在的列位置，如数组元素 elem[i]=k 表示第 i 个皇后位于第 k 列。

参考程序如下：

```
#include<stdio.h>
#include<math.h>
#define NUM 8                       /*棋子数及棋盘大小 NUM×NUM*/
int elem[NUM];
int result=1;
void show_result()                  /*输出结果*/
{
    int i;
    printf("第%d 个解为:",result++);
    for(i=0;i<NUM;i++)
```

```
                printf("(%d,%d)",i,elem[i]);
            printf("\n\n");
        }
        int check_cross(int n)                      /*检查是否有冲突*/
        {
            int i;
            for(i=0;i<n;i++)
            {
                if (elem[i]==elem[n] || fabs(n-i)==fabs(elem[i]-elem[n])) return 1;
            }
            return 0;
        }
        void put_chess(int n)                       /*放棋子到棋盘上(递归算法)*/
        {
            int i;
            if(n==NUM) return;
            for(i=0;i<NUM;i++)
            {
                elem[n]=i;
                if(!check_cross(n))
                {
                    if(n==NUM-1)    show_result();      /*找到其中一种放法，输出结果*/
                    else      put_chess(n+1);
                }
            }
        }
        int main()
        {
            put_chess(0);
            return 0;
        }
```

7. 日期统计问题。小帅现在有一个长度为 100 的数组，数组中的每个元素的值都在 0 到 9 的范围之内。数组中的元素从左至右如下所示：

5 6 8 6 9 1 6 1 2 4 9 1 9 8 2 3 6 4 7 7 5 9 5 0 3 8 7 5 8 1 5 8 6 1 8 3 0 3 7 9 2 7 0 5 8 8 5 7 0
9 9 1 9 4 4 6 8 6 3 3 8 5 1 6 3 4 6 7 0 7 8 2 7 6 8 9 5 6 5 6 1 4 0 1 0 0 9 4 8 0 9 1 2 8 5 0 2 5 3 3

现在他想要从这个数组中寻找一些满足长度为 8 的子序列，这个子序列可以按照下标顺序组成一个 yyyymmdd 格式的日期，且这个日期是 2023 年中的某一天的日期，例如 20230902、20231223。其中，yyyy 表示年份，mm 表示月份，dd 表示天数。当月份或者天数的长度只有一位时需要补零。

请你帮小帅计算按上述条件一共能找到多少个不同的 2023 年的日期。对于相同的日期只需要统计一次。

【答案】 此题可用递归算法求解，参考程序如下：

```
#include<stdio.h>
int days[13]={ 0,31,28,31,30,31,30,31,31,30,31,30,31 };
int num[100]={ 5,6,8,6,9,1,6,1,2,4,9,1,9,8,2,3,6,4,7,7,5,9,5,0,3,8,7,5,
8,1,5,8,6,1,8,3,0,3,7,9,2,7,0,5,8,8,5,7,0,9,9,1,9,4,4,6,8,6,3,3,8,5,
1,6,3,4,6,7,0,7,8,2,7,6,8,9,5,6,5,6,1,4,0,1,0,0,9,4,8,0,9,1,2,8,5,0,
2,5,3,3 };
int dfs(int n[],int date[],int pos1,int pos2)
{
    if(pos2==8)                                  /*遍历完成，找到日期*/
    {
        return 1;
    }
    if(pos1>=100)                                /*遍历完成，没有找到日期*/
    {
        return 0;
    }
    if(n[pos1]==date[pos2])
    {
        return dfs(n,date,pos1+1,pos2+1);        /*继续往下找*/
    }
    else
    {
        return dfs(n,date,pos1+1,pos2);
    }
}
int main()
{
    int date[8]={ 2,0,2,3,0,0,0,0 };
    int count=0;
    int i,j;
    for(i=1;i<=12;i++)                           /*月份*/
    {
        if(i<10)
        {
            date[4]=0;
            date[5]=i;
```

```
                }
                else
                {
                    date[4]=1;
                    date[5]=i%10;
                }
                for(j=1;j<=days[i];j++)
                {
                    if(j<10)
                    {
                        date[6]=0;
                        date[7]=j;
                    }
                    else
                    {
                        date[6]=j/10;
                        date[7]=j%10;
                    }
                    count+=dfs(num,date,0,0);
                }
            }
        }
        printf("总共有%d 个日期", count);
        return 0;
    }
```

8. 过桥问题。有 N(N≥2)个人在晚上需要从 X 地到达 Y 地，中间要过一座桥，过桥需要手电筒(而他们只有 1 个手电筒)，每次最多两个人一起过桥(否则桥会垮)。N 个人的过桥时间按从小到大的顺序依次存入数组 t[N]中，分别为 t[0]、t[1]，…，t[N-1]。过桥的速度以慢的人为准!(注意：手电筒不能丢过桥。)求这 N 个人过桥所花的最短时间。

【答案】 此题可用递归算法求解。

N 个人(N≥2)过桥的方法如下：

(1) 如果 N=2，所有人直接过桥。

(2) 如果 N=3，由最快的人往返 1 次把其他两人送过河。

(3) 如果 N≥4，设 A、B 为走得最快和次快的旅行者，过桥所需时间分别为 a、b；而 Z、Y 为走得最慢和次慢的旅行者，过桥所需时间分别为 z、y。那么

当 2b≥a+y 时，使用模式一将 Z 和 Y 送过桥。(模式一：A、Z 过去，A 返回送手电筒，接着 A、Y 过去，A 返回送手电，即总是由最快的人把两个最慢的人送过桥。)

当 2b<a+y 时，使用模式二将 Z 和 Y 送过桥。(模式二：A、B 过去，A 返回送手电筒，接着 Z、Y 过去，B 返回送手电，即先过去两个最快的人，再过去两个最慢的人。)

用递归算法编写的程序如下：

```
#include<stdio.h>
#define N 4
int time=0;
void GuoQiao(int a[],int n)
{
    if(n==2) time+=a[1];
    if(n==3) time+=(a[0]+a[1]+a[2]);
    if(n>=4)
    {   if(2*a[1]>=(a[0]+a[n-2]))
            time+=(2*a[0]+a[n-1]+a[n-2]);
        else
            time+=(a[1]+a[0]+a[n-1]+a[1]);
        GuoQiao(a,n-2);
    }
}
int main()
{   int t[N]={1,4,5,10};
    GuoQiao(t,N);
    printf("过桥所花的最短时间为:%d\n\n\n",time);
    return 0;
}
```

11.2　上机实验指导

一、实验目的

(1) 掌握各种算法的工作原理和实现细节，包括迭代过程、递归调用、条件判断等。

(2) 掌握各种算法适用的场景和解决的问题类型。

(3) 掌握各种算法的程序设计方法。

二、实验范例

1. 计算阶乘

输入一个非负整数 n，计算 n 的阶乘，并将结果打印出来。

程序如下：

```
/*syfl11_1.c*/
#include<stdio.h>
int factorial(int n)
```

```c
{
    if (n == 0 || n == 1)
        return 1;
    else
        return n * factorial(n - 1);
}
int main()
{
    int n;
    printf("请输入一个非负整数：");
    scanf("%d", &n);
    if (n < 0) {
        printf("请输入非负整数！\n");
    } else {
        printf("%d 的阶乘是：%d\n", n, factorial(n));
    }
    return 0;
}
```

2．排序问题

给定一个整数数组，编写函数实现选择排序并返回排序后的数组。

程序如下：

```c
/*syfl11_2.c*/
#include<stdio.h>
void selectionSort(int arr[], int n)
{
    int i, j, min_index, temp;
    for (i = 0; i < n-1; i++)
    {
        min_index = i;
        for (j = i+1; j < n; j++)
        {
            if (arr[j] < arr[min_index])
            {
                min_index = j;
            }
        }
        temp = arr[i];                              /*交换操作*/
        arr[i] = arr[min_index];
```

```
                arr[min_index] = temp;
        }
}
void printArray(int arr[], int size)
{
        int i;
        for (i = 0; i < size; i++)
                printf("%d ", arr[i]);
        printf("\n");
}
int main()
{
        int arr[] = {64, 34, 25, 12, 22, 11, 90};
        int n = sizeof(arr)/sizeof(arr[0]);
        printf("原始数组：\n");
        printArray(arr, n);
        selectionSort(arr, n);
        printf("排序后的数组：\n");
        printArray(arr, n);
        return 0;
}
```

3. 查找问题

给定一个整数数组和一个目标值，返回目标值在数组中的索引。如果目标值不在数组中，则返回-1。

程序如下：

```
/*syfl11_3.c*/
#include<stdio.h>
int linearSearch(int arr[], int n, int target)
{
        for (int i = 0; i < n; i++)
        {
                if (arr[i] == target)
                {
                        return i;                           /*找到目标值，返回索引*/
                }
        }
        return -1;                                          /*目标值不在数组中*/
}
```

```
int main()
{
    int arr[] = {4, 7, 2, 9, 1, 6};
    int target = 9;
    int n = sizeof(arr) / sizeof(arr[0]);

    int result = linearSearch(arr, n, target);

    if (result != -1)
    {
        printf("目标值 %d 在数组中的索引为 %d\n", target, result);
    } else {
        printf("目标值 %d 不在数组中\n", target);
    }
    return 0;
}
```

4. 组合求和问题

给定一个数组和一个目标数，找到数组中所有唯一的组合，使得它们的和等于目标数。
程序如下：

```
/*syfl11_4.c*/
#include<stdio.h>
void findCombination(int candidates[], int candidatesSize, int target, int start, int *combination, int
combinationSize, int **result, int *returnSize, int **returnColumnSizes)
{
    if (target < 0) return;
    if (target == 0)
    {
        *returnSize += 1;
        *result = realloc(*result, sizeof(int*) *(*returnSize));
        (*result)[(*returnSize) - 1] = malloc(sizeof(int) *combinationSize);
        for (int i = 0; i < combinationSize; i++)
        {
            (*result)[(*returnSize) - 1][i] = combination[i];
        }
        (*returnColumnSizes) = realloc((*returnColumnSizes), sizeof(int) * (*returnSize));
        (*returnColumnSizes)[(*returnSize) - 1] = combinationSize;
        return;
    }
```

```
for (int i = start; i < candidatesSize; i++)
{
    combination[combinationSize] = candidates[i];
    findCombination(candidates, candidatesSize, target - candidates[i], i, combination,
                combinationSize + 1, result, returnSize, returnColumnSizes);
}
}

int **combinationSum(int *candidates, int candidatesSize, int target, int *returnSize, int
**returnColumnSizes)
{
    int **result = malloc(sizeof(int*));
    *returnSize = 0;
    *returnColumnSizes = malloc(sizeof(int));
    int* combination = malloc(sizeof(int) * 2000); //Maximum size
    findCombination(candidates, candidatesSize, target, 0, combination, 0, &result, returnSize,
                returnColumnSizes);
    free(combination);
    return result;
}

void printResult(int **result, int returnSize, int *returnColumnSizes)
{
    printf("[");
    for (int i = 0; i < returnSize; i++)
    {
        printf("[");
        for (int j = 0; j < returnColumnSizes[i]; j++)
        {
            printf("%d", result[i][j]);
            if (j != returnColumnSizes[i] - 1)
            {
                printf(", ");
            }
        }
        printf("]");
        if (i != returnSize - 1)
        {
            printf(", ");
```

```
            }
        }
        printf("]\n");
    }


    int main()
    {
        int candidates[] = {2, 3, 6, 7};
        int candidatesSize = 4;
        int target = 7;
        int returnSize;
        int *returnColumnSizes;
        int **result = combinationSum(candidates, candidatesSize, target, &returnSize,
                                &returnColumnSizes);
        printf("组合求和为 %d 的结果为：\n", target);
        printResult(result, returnSize, returnColumnSizes);
        return 0;
    }
```

5. 砝码问题

一位商人有 4 块砝码，各砝码重量不同且都是整磅数，用这 4 块砝码可以在天平上称 1 至 40 磅之间的任意重量(砝码可以放在天平的任一端)，请问这 4 块砝码各重多少？

程序如下：

```
/*syfl11_5.c*/
#include<stdio.h>
int main()
{
    int w1,w2,w3,w4,d1,d2,d3,d4,x,equal_x,ok;
    for(w1=1;w1<=40;w1++)
        for(w2=w1+1;w2<=40-w1;w2++)
            for(w3=w2+1;w3<=40-w1-w2;w3++)
                if((w4=40-w1-w2-w3)>w3)
                {
                    ok=1;
                    for(x=1;x<=40;x++)
                    {
                        equal_x=0;
                        for(d1=1;d1>-2;d1--)
                            for(d2=1;d2>-2;d2--)
```

```
                        for(d3=1;d3>-2;d3--)
                            for(d4=1;d4>-2;d4--)
                                if(x==w1*d1+w2*d2+w3*d3+w4*d4)
                                    equal_x=1;
                    if(!equal_x)
                    {
                        ok=0;
                        break;
                    }
                }
                if(ok)
                    printf("%d %d %d %d\n",w1,w2,w3,w4);
            }
        return 0;
    }
```

6. 迷宫问题

在指定的迷宫中找出从入口到出口的所有可通路径。

程序如下：

```
/*syfl11_6.c*/
#include<stdio.h>
#include<stdlib.h>
#define n1 10
#define n2 10
typedef struct node
{
    int x;                  //存 x 坐标
    int y;                  //存 y 坐标
    int c;                  //存该点可能的下一点所在的方向，1 表示向右，2 向下，3 向左，4 向上
}stack;
stack top[100];
//迷宫矩阵
int maze[n1][n2]={    1,   1,   1,   1,   1,   1,   1,   1,   1,   1,
                     0,   0,   0,   1,   0,   0,   0,   1,   0,   1,
                     1,   1,   0,   1,   0,   0,   0,   1,   0,   1,
                     1,   0,   0,   0,   0,   1,   1,   0,   0,   1,
                     1,   0,   1,   1,   1,   0,   0,   0,   0,   1,
                     1,   0,   0,   0,   1,   0,   0,   0,   0,   1,
                     1,   0,   1,   0,   0,   0,   1,   0,   0,   1,
```

```
                            1,  0,  1,  1,  1,  0,  1,  1,  0,  1,
                            1,  1,  0,  0,  0,  0,  0,  0,  0,  0,
                            1,  1,  1,  1,  1,  1,  1,  1,  1,  1  };

int i,j,k,m=0;
int main()
{
    //初始化 top[]，置所有方向数为 1(表示向右)
    for(i=0;i<n1*n2;i++)
    {
        top[i].c=1;
    }
    printf("the maze is:\n");
    //输出原始迷宫矩阵
    for(i=0;i<n1;i++)
    {
        for(j=0;j<n2;j++)
                printf(maze[i][j]?"*":" ");
        printf("\n");
    }
    i=0;top[i].x=1;top[i].y=0;
    maze[1][0]=2;
    /*回溯算法*/
    do
    {
            if(top[i].c<5)                        //还可以向前试探
            {
                if(top[i].x==8 && top[i].y==9)          //已找到一个组合
                {
                    //输出路径
                    printf("The way %d is:\n",m++);
                    for(j=0;j<i;j++)
                    {
                        printf("(%d,%d)->",top[j].x,top[j].y);
                    }
                    printf("(%d,%d)\n",top[j].x,top[j].y);
                    //输出选出路径的迷宫
                    for(j=0;j<n1;j++)
                    {
```

```
                    for(k=0;k<n2;k++)
                    {
                        if(maze[j][k]==0) printf("  ");
                        else if(maze[j][k]==2) printf("O");
                            else printf("*");
                    }
                    printf("\n");
                }
                maze[top[i].x][top[i].y]=0;
                top[i].c=1;
                i--;
                top[i].c +=1;
                continue;
            }
        switch(top[i].c)                                    //向前试探
        {
            case 1:
            {
                if(maze[top[i].x][top[i].y+1]==0)
                {
                    i++;
                    top[i].x=top[i-1].x;
                    top[i].y=top[i-1].y+1;
                    maze[top[i].x][top[i].y]=2;
                }
                else
                {
                    top[i].c+=1;
                }
                break;
            }
            case 2:
            {
                if(maze[top[i].x+1][top[i].y]==0)
                {
                    i++;
                    top[i].x=top[i-1].x+1;
                    top[i].y=top[i-1].y;
                    maze[top[i].x][top[i].y]=2;
```

```
                                }
                                else
                                {
                                    top[i].c +=1;
                                }
                                break;
                            }
                    case 3:
                            {
                                if(maze[top[i].x][top[i].y-1]==0)
                                {
                                    i++;
                                    top[i].x=top[i-1].x;
                                    top[i].y=top[i-1].y-1;
                                    maze[top[i].x][top[i].y]=2;
                                }
                                else
                                {
                                    top[i].c+=1;
                                }
                                break;
                            }
                    case 4:
                            {
                                if(maze[top[i].x-1][top[i].y]==0)
                                {
                                    i++;
                                    top[i].x=top[i-1].x-1;
                                    top[i].y=top[i-1].y;
                                    maze[top[i].x][top[i].y]=2;
                                }
                                else
                                {
                                    top[i].c+=1;
                                }
                                break;
                            }
                    }
                }
            }
```

```
        else                            //回溯
        {
            if(i==0) return;            //已找完所有解
            maze[top[i].x][top[i].y]=0;
            top[i].c=1;
            i--;
            top[i].c+=1;
        }
    }while(1);
    return 0;
}
```

三、实验任务

编写程序并上机调试通过，然后写出实验报告。

(1) 小帅现在有一个长度为 100 的数组，数组中的每个元素的值都在 0 到 9 的范围之内。数组中的元素从左至右如下所示：

5 6 8 6 9 1 6 1 2 4 9 1 9 8 2 3 6 4 7 7 5 9 5 0 3 8 7 5 8 1 5 8 6 1 8 3 0 3 7 9 2 7 0 5 8 8 5 7 0 9 9 1 9 4 4 6 8 6 3 3 8 5 1 6 3 4 6 7 0 7 8 2 7 6 8 9 5 6 5 6 1 4 0 1 0 0 9 4 8 0 9 1 2 8 5 0 2 5 3 3

现在他想要从这个数组中寻找一些满足长度为 8 的子序列，这个子序列可以按照下标顺序组成一个 yyyymmdd 格式的日期，这个日期是 2023 年中的某一天的日期，例如 20230902、20231223。其中，yyyy 表示年份，mm 表示月份，dd 表示天数。当月份或者天数的长度只有一位时需要补零。

请你帮小帅计算按上述条件一共能找到多少个不同的日期。对于相同的日期只需统计一次即可。

(2) 有一个背包，能装入的物品总重量为 S，设有 N 件物品，其重量分别为 W_1，W_2，…，W_N。希望从 N 件物品中选择若干件物品装入背包，使所选物品的重量之和恰好等于 S。试编程实现。

(3) 写出实验报告。实验报告要求如下：

① 写出解决问题的算法思路，并画出程序流程图。

② 根据算法思路或程序流程图编写源程序。

③ 记录源程序在上机调试时出现的各种问题及其解决方法。

④ 总结本次实验的经验与教训。

第 12 章　模块化程序设计实战

算法设计题

1. 猴子吃桃问题。第一天，猴子吃了一半的桃子后觉得不解馋，于是又多吃了一个；第二天，猴子吃剩下桃子的一半后觉得还不过瘾，又多吃了一个；以后每天猴子都吃前一天剩下的一半多一个，到第 10 天想再吃时，只剩下一个桃子。问：第一天猴子共吃了多少个桃子？

【答案】　此题可从第 10 天往前倒推求解，参考程序如下：

```c
#include<stdio.h>
int main()
{
    int total = 1;                          /*第 10 天剩下的桃子数*/
    int day;
    for (day = 9; day >= 1; day--)
    {
        total = (total + 1) * 2;            /*每天剩下的桃子数*/
    }
    printf("第一天共吃了  %d  个桃子\n", total);
    return 0;
}
```

2. 背包问题。有一个背包，能装入的物品总重量为 S，设有 N 件物品，其重量分别为 W_1，W_2，…，W_N。希望从 N 件物品中选择若干件物品装入背包，要求所选物品的重量之和恰好等于 S。

【答案】　此题可使用动态规划法求解，参考程序如下：

```c
#include<stdio.h>
#define MAX_N 100
#define MAX_S 1000
```

```
int max(int a, int b)
{
    return (a > b) ? a : b;                      /*返回两个数中的较大值*/
}


void knapsack(int weights[ ], int n, int S)
{
    int dp[MAX_N + 1][MAX_S + 1];                /*创建动态规划表，记录最大重量*/
    int selected[MAX_N + 1][MAX_S + 1] = { 0 };  /*创建选择表，记录每个物品是否被选中*/
    for (int i = 0; i <= n; i++)                 /*初始化边界条件*/
    {
        for (int j = 0; j <= S; j++)
        {
            if (i == 0 || j == 0)
                dp[i][j] = 0;                    /*没有物品或者背包容量为 0 时，最大重量为 0*/
            else if (weights[i - 1] <= j)
            {
                int take = weights[i - 1] + dp[i - 1][j - weights[i - 1]];
                                                 /*考虑放入当前物品的情况*/
                int skip = dp[i - 1][j];         /*不放入当前物品的情况*/
                if (take >= skip)                /*如果放入当前物品后得到更大的重量*/
                {
                    dp[i][j] = take;             /*更新重量*/
                    selected[i][j] = 1;          /*标记当前物品被选中*/
                }
                else
                {
                    dp[i][j] = skip;             /*否则保持不放入当前物品的重量*/
                }
            }
            else
            {
                dp[i][j] = dp[i - 1][j];         /*当前物品无法放入背包，保持不变*/
            }
        }
    }
    int remainingWeight = S;
    printf("Items selected: ");
    for (int i = n; i > 0 && remainingWeight > 0; i--)
```

```
        {
            if (selected[i][remainingWeight])
            {
                printf("%d ", i);                          /*输出选中的物品编号*/
                remainingWeight -= weights[i - 1];          /*更新剩余背包容量*/
            }
        }
        printf("\n");
    }


    int main()
    {
        int weights[MAX_N];
        int n, S;
        printf("Enter the number of items: ");
        scanf("%d", &n);
        printf("Enter the weights of the items: ");
        for (int i = 0; i < n; i++) {
            scanf("%d", &weights[i]);
        }
        printf("Enter the total weight capacity of the knapsack: ");
        scanf("%d", &S);
        knapsack(weights,n,S);
        return 0;
    }
```

3. 抓贼问题。警察审问四名窃贼嫌疑犯。已知这四人当中仅有一名是窃贼，还知道这四人中每人要么是诚实的，要么总是说谎。他们给警察的回答是：

甲说："乙没有偷，是丁偷的。"

乙说："我没有偷，是丙偷的。"

丙说："甲没有偷，是乙偷的。"

丁说："我没有偷。"

请根据这四人的回答判断谁是窃贼。

【答案】　此题可用穷举法求解。假设用 A、B、C、D 分别代表四个人，变量的值为 1 代表该人是窃贼，则根据四个人的说法可列出四个条件：B+D=1，B+C=1，A+B=1，A+B+C+D=1。

参考程序如下：

```
#include<stdio.h>
int main()
{
```

```
        int i,j,a[4];
        for(i=0;i<4;i++)                              /*假定只有第 i 个人为窃贼*/
        {
            for(j=0;j<4;j++)                          /*将第 i 个人设置为1(表示窃贼),其余为0*/
                if(j==i)
                    a[j]=1;
                else
                    a[j]=0;
            if(a[3]+a[1]==1&&a[1]+a[2]==1&&a[0]+a[1]==1)   /*判断条件是否成立*/
            {
                printf("The thief is");
                for(j=0;j<=3;j++)
                    if(a[j]) printf("%c.",j+'A');         /*输出计算结果*/
                printf("\n");
            }
        }
        return 0;
    }
```

4. 矩阵逆转问题。将一个 N 阶矩阵逆时针旋转 90°后输出。

【答案】 此题找到逆转前后元素位置对应的规律即可,参考程序如下:

```
    #include<stdio.h>
    #define N 3                                        /*假设矩阵的大小为3阶*/
    void rotateMatrix(int mat[N][N])                   /*创建临时矩阵来存储旋转后的结果*/
    {       int temp[N][N];
        for (int i = 0; i < N; i++)                    /*将矩阵逆时针旋转 90°*/
        {   for (int j = 0; j < N; j++)
            {
                temp[i][j] = mat[j][N - i - 1];
            }
        }
        for (int i = 0; i < N; i++)                    /*将旋转后的结果复制回原始矩阵*/
        {
            for (int j = 0; j < N; j++)
            {
                mat[i][j] = temp[i][j];
            }
        }
    }
    void printMatrix(int mat[N][N])                    /*打印矩阵*/
```

```
{       for (int i = 0; i < N; i++)
        {
            for (int j = 0; j < N; j++)
            {
                printf("%d ", mat[i][j]);
            }
            printf("\n");
        }
}
int main()
{
    int mat[N][N] = {{1, 2, 3},
                     {4, 5, 6},
                     {7, 8, 9}};
    printf("原始矩阵：\n");
    printMatrix(mat);
    rotateMatrix(mat);
    printf("\n 逆时针旋转 90 度后的矩阵：\n");
    printMatrix(mat);
    return 0;
}
```

5. 买瓜问题。小蓝正在一个瓜摊上买瓜。瓜摊上共有 3 个瓜，瓜的质量分别为 1 kg、3 kg、13 kg。小蓝刀功了得，他可以把任何瓜劈成完全等重的两份，不过每个瓜只能劈一刀。小蓝希望买到的瓜的质量的和恰好为 10 kg。请问：小蓝至少要劈多少个瓜才能买到质量恰好为 10 kg 的瓜？如果无论怎样劈，小蓝都无法得到总质量恰好为 10 kg 的瓜，则输出 −1。

【答案】 此题使用穷举法递归罗列所有可能情况。每次递归有三种情况，所以需要在罗列过程中去掉不可能的解。参考程序如下：

```
#include<stdio.h>
int n = 0, m = 0, nums[30], min = 100;
long suf[31];
int dfs(int i, double sum, int c)
{
    if (c >= min) return 100;              /*劈瓜的次数大于等于最小值，即使能满足要求，
                                             m 也没有意义，因为它不是最小的*/
    if (sum == m)
    {
        min = c;
        return c;
```

```
        }
        if (sum > m) return 100;              /*如果当前 sum 大于 m，则提前结束*/
        if (i == n)
        {
            return 100;                        /*此时劈完了所有西瓜也无法满足，故直接排除*/
        }
        if (suf[i] + sum < m) return 100;     /*如果当前 sum 加上剩余所有值都小于 m，则提前结束*/
        int a = dfs(i + 1, sum + nums[i], c);             /*全拿走*/
        int b = dfs(i + 1, sum + (nums[i] / 2.0), c + 1); /*拿走一半*/
        int f = dfs(i + 1, sum, c);                       /*不拿走*/
        int k = mins(b, f);
        return mins(a, k);
}
int mins(int a, int b)
{
 return a > b? b :a;
}
int main()
{
        scanf("%d %d", &n, &m);
        int i = 0;
        for (i = 0; i < n; i++)
        {
            scanf("%d", &nums[i]);
        }
        for (i = n - 1; i >= 0; i--)
        {
            suf[i] = suf[i + 1] + nums[i];
        }
        int m = dfs(0, 0, 0);
        if (m == 100)
            printf("-1");
        else
        {
            printf("%d\n",m);
        }
        return 0;
}
```

6. 接龙数列问题。对于一个长度为 K 的整数数列：A_1，A_2，$\cdots$，A_K，当且仅当 A_i 的首位数字恰好等于 A_{i-1} 的末位数字($2 \leqslant i \leqslant K$)时，称该数列为接龙数列。例如：12，23，35，56，61，11 是接龙数列；12，23，34，56 不是接龙数列，因为 56 的首位数字不等于 34 的末位数字。所有长度为 1 的整数数列都是接龙数列。现在给定一个长度为 5 的数列 11，121，22，12，2023，请问：最少从中删除多少个数，才可以使剩下的序列是接龙序列？

【**答案**】　此题可转换为寻找最长子序列问题，参考程序如下：

```c
#include<stdio.h>
#include<string.h>
int l[1000], r[1000], dp[1000];
int main()
{
    int n;
    printf("请输入数据个数:");
    scanf("%d", &n);
    printf("请输入数据:");
    for (int i = 0; i < n; ++i)
    {
        char s[10];
        scanf("%s", s);
        l[i] = s[0] - '0';                  /*将字符串第一个字符转换为整数存入 l 数组*/
        r[i] = s[strlen(s) - 1] - '0';      /*将字符串最后一个字符转换为整数存入 r 数组*/
    }
    int res = 0;
    for (int i = 0; i < n; ++i)
    {
        dp[i] = 1;                          /*初始化 dp 数组*/
        for (int j = 0; j < i; ++j)
        {
            if (l[i] == r[j])               /*如果 l[i]等于 r[j]，则将当前数加入接龙数列中，
                                              长度加 1*/
                dp[i] = dp[i] > dp[j] + 1 ? dp[i] : dp[j] + 1;
            if (dp[i] > res)
                res = dp[i];
        }
    }
    printf("%d\n", n - res);                /*输出需要删除的最小数量，即总数列长度减去接
                                              龙数列的最大长度*/

    return 0;
}
```

12.2 上机实验指导

一、实验目的

(1) 理解 C 语言的模块化程序设计。

(2) 提高多人共同开发多功能大型程序的能力。

二、实验范例

编写一个小型学生成绩管理系统的程序，要求实现如下功能：

(1) 用链表结构存储记录。每一条记录是一个结点，包括一个学生的学号、姓名、课程成绩等。

(2) 输入功能：可以一次完成若干条记录的输入。

(3) 显示功能：显示所有学生记录。

(4) 查找功能：按学号查找学生记录，并显示。

(5) 排序功能：按总分排序或按学号排序。

(6) 插入功能：在指定位置插入一条学生记录。

(7) 删除功能：删除指定记录。

(8) 能将学生成绩信息存在文件中，或能将文件中的成绩信息导入。

程序如下：

```
/*syfl12_1.c*/
/******头文件(.h)******/
#include "stdio.h"              /*printf()、scanf()为 I/O 函数*/
#include "malloc.h"             /*malloc()内存分配函数*/
#include "stdlib.h"             /*atoi()、exit()、system()函数*/
#include "string.h"             /*strcpy()、strlen()、strcmp()函数*/
#define N 3                     /*定义常数*/
typedef struct stu              /*定义结构体类型*/
{
    char no[11];
    char name[15];
    float score[N];
    float sum;
    float average;
    int order;
    struct stu *next;
}STUDENT;
```

```c
/*菜单函数，返回值为整数*/
int menu_select()
{
    char s[3];
    int c;
    printf("\n     **********主菜单**********\n");
    printf("      1. 输入记录\n");
    printf("      2. 显示所有记录\n");
    printf("      3. 对所有记录进行排序\n");
    printf("      4. 按学号查找记录并显示\n");
    printf("      5. 插入记录\n");
    printf("      6. 删除记录\n");
    printf("      7. 将所有记录保存到文件\n");
    printf("      8. 从文件中读入所有记录\n");
    printf("      9. 退出\n");
    printf("      ********************\n\n");
    do
    {
        printf(" 请选择操作(1-9):");
        scanf("%s",s);
        c=atoi(s);
    }while(c<0||c>9);                    /*若选择项不在 0~9 之间，则重输入*/
    return(c);                           /*返回选择项，主程序根据该数调用相应的函数*/
}
/*创建链表，完成数据录入功能，新结点在表头插入*/
STUDENT *create()
{
    int i;
    float s;
    STUDENT *h=NULL,*info;               /*h 为头结点指针，info 为新结点指针*/
    for(;;)
    {
        info=(STUDENT *)malloc(sizeof(STUDENT));   /*申请空间*/
        if(!info)                        /*如果指针 info 为空*/
        {
            printf("\n 内存分配失败");
            return NULL;                 /*返回空指针*/
        }
        printf("\n 请按如下提示输入相关信息.\n\n");
```

```
        printf("输入学号(输入'#'结束):");
        scanf("%s",info->no);                      /*输入学号并校验*/
        if(info->no[0]=='#') break;                /*如果学号首字符为#,则结束输入*/
        printf("输入姓名:");
        scanf("%s",info->name);                    /*输入姓名,并进行校验*/
        printf("输入%d 个成绩:\n",N);              /*提示开始输入成绩*/
        s=0;                                       /*计算每个学生的总分,初值为 0*/
        for(i=0;i<N;i++)                           /*N 门课程循环 N 次*/
        {
            do{
                    printf("score[%d]:",i);        /*提示输入第几门课程*/
                    scanf("%f",&info->score[i]);   /*输入成绩*/
                    if(info->score[i]>100||info->score[i]<0)    /*确保成绩在 0~100 之间*/
                        printf("非法数据,请重新输入!\n");      *出错提示信息*/
            }while(info->score[i]>100||info->score[i]<0);
            s=s+info->score[i];                    /*累加各门课程成绩*/
        }
        info->sum=s;                               /*将总分保存*/
        info->average=(float)s/N;                  /*求出平均值*/
        info->order=0;                             /*未排序前此值为 0*/
        info->next=h;                              /*将头结点作为新输入结点的后继结点*/
        h=info;                                    /*新输入作结点作为新的头结点*/
    }
    return(h);                                     /*返回头指针*/
}
/*显示模块*/
void print(STUDENT *h)
{
    int i=0;                                       /*统计记录条数*/
    STUDENT *p;                                    /*移动指针*/
    p=h;                                           /*初值为头指针*/
    if(p==NULL)
    {
        printf("\n 很遗憾, 空表中没有任何记录可供显示!\n");
    }
    else
    {
        printf("***********STUDENT **********\n");
        printf("记录号 学号 姓名 成绩 1 成绩 2 成绩 3 总分 平均分 名次\n");
```

```
                    printf("------------------------\n");
                    while(p!=NULL)
                    {
                        i++;
                         printf("%-4d  %-11s%-15s%6.2f%7.2f%7.2f  %9.2f%6.2f%3d  \n",i,p->no,p->name,
p->score[0],p->score[1],p->score[2],p->sum,p->average,p->order);
                        p=p->next;
                    }
                    printf("*****************\n\n");
            }
    }
    /*排序模块，实现根据总分 sum 的值按降序将链表重新排列*/
    STUDENT *sort(STUDENT *h)
    {
        int i=0;                                 /*用来保存名次*/
        STUDENT *p,*q,*t,*h1;                     /*定义临时指针*/
        h1=h->next;                      /*将原表的头指针所指的下一个结点作为头指针*/
        h->next=NULL;                    /*断开原来链表头结点与其他结点的链接*/
        while(h1!=NULL)                          /*当原表不为空时进行排序*/
        {
            t=h1;                                /*取原表的头结点*/
            h1=h1->next;                         /*原表头结点指针后移*/
            p=h;                                 /*设定移动指针 p，从头指针开始*/
            q=h;                     /*设定移动指针 q 作为 p 的前驱，初值为头指针*/
            while(p!=NULL&&t->sum<p->sum)         /*作总分比较*/
            {
                q=p;                             /*待插入点值小，则新表指针后移*/
                p=p->next;
            }
            if(p==q)                             /*p==q，此点应排在首位*/
            {
                t->next=p;                       /*待排序点的后继为 p*/
                h=t;                             /*新头结点为待排序点*/
            }
            else                  /*待排序点应插在 q 和 p 之间，如 p 为空，则是尾部*/
            {
                t->next=p;                       /*t 的后继是 p*/
                q->next=t;                       /*q 的后继是 t*/
            }
```

```
    }                                              /*链表重新排列(排序)完成*/
    /*由于链表已经排好序, 所以只要从头指针开始, 依次置名次号即可*/
    p=h;                                           /*已排好序的头指针赋给 p*/
    while(p!=NULL)                                 /*赋予各组数据排序号*/
    {
        i++;                                       /*结点序号*/
        p->order=i;                                /*将名次赋值*/
        p=p->next;                                 /*指针后移*/
    }
    printf("按总分从高到低排名成功!!!\n");
    return (h);                                    /*返回头指针*/
}
/*查找记录模块*/
void search(STUDENT *h)
{
    STUDENT *p;                                    /*移动指针*/
    char s[15];                                    /*存放学号的字符数组*/
    printf("请输入您要查找的学生学号:\n");
    scanf("%s",s);                                 /*输入学号*/
    p=h;        /*将头指针赋给 p*/
    while(p!=NULL&&strcmp(p->no,s))    /*当记录的学号不是要找的, 并且指针不为空时*/
        p=p->next;                                 /*移动指针, 指向下一结点, 继续查找*/
    if(p==NULL)                                    /*指针为空, 说明未能找到所要的结点*/
        printf("\n 您要查找的是%s,很遗憾,查无此人!\n",s);
    else                                           /*显示找到的记录信息*/
    {
        printf("******** Found ********\n");
        printf("学号 姓名 成绩 1 成绩 2 成绩 3 总分 平均分 名次\n");
        printf("--------------------\n");
         printf ("%-11s%-15s%6.2f%7.2f%7.2f %9.2f%6.2f%3d \n",p->no,p->name,p->score[0],
p->score[1],p->score[2],p->sum,p->average,p->order);
        printf("*********************\n");
    }
}
/*在链表头部添加记录*/
STUDENT *insert(STUDENT *h)
{
    STUDENT *info;            /*p 指向插入位置, q 是其前驱, info 指新插入记录*/
    int i,n=0;
```

```
        float s1;
        printf("\n 请添加新记录!\n");
        info=(STUDENT *)malloc(sizeof(STUDENT));              /*申请空间*/
        if(!info)
        {
            printf("\n 内存分配失败!");
            return NULL;                         /*返回空指针*/
        }
        printf("输入学号:");
        scanf("%s",info->no);
        printf("输入姓名:");
        scanf("%s",info->name);
        printf("输入 %d 个成绩:\n",N);
        s1=0;
        for(i=0;i<N;i++)
        {
            do{
                printf("score[%d]:",i);
                scanf("%f",&info->score[i]);
                if(info->score[i]>100||info->score[i]<0)
                    printf("非法数据,请重新输入!\n");
                }while(info->score[i]>100||info->score[i]<0);
                s1=s1+info->score[i];
        }
        info->sum=s1;
        info->average=(float)s1/N;
        info->order=0;                      /*未排序前此值为 0*/
        info->next=NULL;                    /*设后继指针为空 0*/
        info->next=h;                       /*将指针赋值给 p*/
        h=info;                             /*将指针赋值给 q*/
        printf("\n --已经添加 %s 到链表头部!--\n",info->name);
        return(h);                          /*返回头指针*/
}
/*删除记录模块*/
STUDENT *delete1(STUDENT *h)
{
        char k[5];                          /*定义字符串数组,用来确认删除信息*/
        STUDENT *p,*q;                      /*p 为查找到要删除的结点指针, q 为其前驱指针*/
        char s[11];                         /*存放学号*/
```

```
        printf("请输入要删除学生的学号:\n");              /*显示提示信息*/
        scanf("%s",s);                                  /*输入要删除记录的学号*/
        q=p=h;                                          /*给 q 和 p 赋初值头指针*/
        while(p!=NULL&&strcmp(p->no,s))                 /*当记录的学号不是要找的，或指针不为空时*/
        {
            q=p;                                        /*将 p 指针值赋给 q 作为 p 的前驱指针*/
            p=p->next;                                  /*将 p 指针指向下一条记录*/
        }
        if(p==NULL)                                     /*如果 p 为空，则说明链表中没有该结点*/
            printf("\n 很遗憾,链表中没有您要删除的学号为 %s 的学生!\n",s);
        else                                            /*p 不为空，显示找到的记录信息*/
        {
            printf("********** Found **********\n");
            printf("学号 姓名 成绩 1 成绩 2 成绩 3 总分 平均分 名次\n");
            printf("--------------------\n");
             printf("%-11s%-15s%6.2f%7.2f%7.2f %9.2f%6.2f%3d \n",p->no,p->name,p->score[0],
        p->score[1],p->score[2],p->sum,p->average,p->order);
            printf("************************\n");
            do{
                printf("您确实要删除此记录吗?(y/n):");
                scanf("%s",k);
            }while(k[0]!='y'&&k[0]!='n');
            if(k[0]!='n')                               /*删除确认判断*/
            {
                if(p==h)                                /*如果 p==h，则说明被删结点是头结点*/
                    h=p->next;                          /*修改头指针，使其指向下一条记录*/
                else
                    q->next=p->next;    /*不是头指针，将 p 的后继结点作为 q 的后继结点*/
                free(p);                                /*释放 p 所指结点空间*/
                printf("\n 已经成功删除学号为 %s 的学生的记录!\n",s);
            }
        }
        return(h);                                      /*返回头指针*/
    }
    /*保存数据到文件模块*/
    void save(STUDENT *h)
    {
        FILE *fp;                                       /*定义指向文件的指针*/
        STUDENT *p;                                     /*定义移动指针*/
```

```
        char outfile[20];                                          /*保存输出文件名*/
        printf("请输入导出文件名,例如:d:\\xds\\score.txt:\n");
        scanf("%s",outfile);
        if((fp=fopen(outfile,"wb"))==NULL)        /*为输出打开一个二进制文件，如没有，则建立*/
        {
            printf("不能打开文件,文件保存失败!\n");
        }
        else
        {
            p=h;                                                   /*移动指针从头指针开始*/
            while(p!=NULL)                                         /*如 p 不为空*/
            {
                fwrite(p,sizeof(STUDENT),1,fp);                    /*写入一条记录*/
                p=p->next;                                         /*指针后移*/
            }
            fclose(fp);                                            /*关闭文件*/
            printf("-----所有记录已经成功保存至文件%s 中!-----\n",outfile);
        }
    }
/*导入信息模块*/
STUDENT *load()
{
    STUDENT *p,*q,*h=NULL;                                         /*定义记录指针变量*/
    FILE *fp;                                                      /*定义指向文件的指针*/
    char infile[20];                                              /*保存文件名*/
    printf("请输入导入文件名,例如:d:\\xds\\score.txt:\n");
    scanf("%s",infile);                                           /*输入文件名*/
    if((fp=fopen(infile,"rb"))==NULL)                             /*以只读方式打开一个二进制文件*/
    {
        printf("文件打开失败!\n");                                  /*如不能打开，则返回头指针*/
        return h;
    }
    p=(STUDENT *)malloc(sizeof(STUDENT));                         /*申请空间*/
    if(!p)
    {
        printf("内存分配失败!\n");                                  /*如没有申请到，则内存溢出*/
        return h;                                                 /*返回空头指针*/
    }
    h=p;                                                          /*申请到空间，将其作为头指针*/
```

```
        while(!feof(fp))                              /*循环读数据，直到文件尾结束*/
        {
            if(1!=fread(p,sizeof(STUDENT),1,fp))
                break;                                /*如果没读到数据，则跳出循环*/
            p->next=(STUDENT *)malloc(sizeof(STUDENT));
                                                      /*为下一个结点申请空间*/
            if(!p->next)
            {
                    printf("内存分配失败!\n");        /*如没有申请到，则内存溢出*/
                    return h;
            }
                q=p;                          /*保存当前结点的指针，作为下一结点的前驱*/
                p=p->next;                            /*指针后移，新读入数据链到当前表尾*/
        }
        q->next=NULL;                                 /*最后一个结点的后继指针为空*/
        fclose(fp);                                   /*关闭文件*/
        printf("已经成功从文件%s 导入数据!!!\n",infile);
        return h;                                     /*返回头指针*/
}
/******主函数******/
int main()
{
    STUDENT *head=NULL;                               /*链表定义头指针*/
    system("color 5e");                /*调用 DOS 命令清屏，用 color ?命令查看命令格式*/
    for(;;)                                           /*无限循环*/
    {
        switch(menu_select())        /*调用主菜单函数，将返回值(整数)作为开关语句的条件*/
        {
            case 1: head=create();break;              /*创建链表*/
            case 2: print(head);break;                /*显示全部记录*/
            case 3: head=sort(head);break;            /*排序*/
            case 4: search(head);break;               /*查找记录*/
            case 5: head=insert(head);break;          /*插入记录*/
            case 6: head=delete1(head);break;         /*删除记录*/
            case 7: save(head);break;                 /*保存文件*/
            case 8: head=load();break;                /*读文件*/
            case 9: exit(0);                          /*程序结束*/
        }
    }
```

```
        return 0;
    }
```

三、实验任务

编写一个"线上日记本"程序，具体要求如下：

(1) "线上日记本"可以打破时空的限制，随时随地记录心情。因为日记需要加密，所以可以设计用户名和密码用于确认身份以查看和编写日记。日记内容存放在文件中。

(2) 程序执行时，首先要进行密码检测，以防他人"偷窥"日记。标准密码预先在程序中设定，也可预先加密存储在专门的文件中。程序运行时，若用户输入的密码和标准密码相同，则显示"确认是本人!"并转去执行后续程序；若不相同，则重新输入，若 3 次输入都不相同，则显示"您是非法用户!"并终止程序的执行。

(3) 对"线上日记本"的常用操作可参照实验范例进行模块化程序设计。

(4) 对"线上日记本"进行日常管理(包括按日期查询、添加、删除、修改等)时要求明文显示，而将日记存入文件时则要求加密存储。

附录1　计算机等级考试二级C语言程序设计模拟试题及参考答案

(一) 选择题(每题 1 分，共 40 分)

下列各题 A、B、C、D 四个选项中，只有一个选项是正确的。

1. 与十进制数 200 等值的十六进制数为(　　)。
   A. A8　　　　　B. A4　　　　　C. C8　　　　　D. C4

2. 软件生命周期可分为定义阶段、开发阶段和维护阶段。详细设计属于(　　)。
   A. 定义阶段　　　B. 开发阶段　　　C. 维护阶段　　　D. 上述三个阶段

3. 对存储器按字节进行编址，若某存储器芯片共有 10 根地址线，则该存储器芯片的存储容量为(　　)。
   A. 1 KB　　　　　B. 2 KB　　　　　C. 4 KB　　　　　D. 8 KB

4. 在学生管理的关系数据库中，存取一个学生信息的数据单位是(　　)。
   A. 文件　　　　　B. 数据库　　　　C. 字段　　　　　D. 记录

5. 计算机网络的主要特点是(　　)。
   A. 运算速度快　　B. 运算精度高　　C. 资源共享　　　D. 人机交互

6. 磁盘处于写保护状态时其中的数据(　　)。
   A. 不能读出，不能删改　　　　　　B. 可以读出，不能删改
   C. 不能读出，可以删改　　　　　　D. 可以读出，可以删改

7. 从 Windows 环境进入 MS-DOS 方式后，返回 Windows 环境的 DOS 命令为(　　)。
   A. EXIT　　　　　B. QUIT　　　　　C. RET　　　　　D. MSDO

8. 在 Windows 环境下，若资源管理器左窗口中的某文件夹左边标有"+"标记，则表示(　　)。
   A. 该文件夹为空
   B. 该文件夹中含有子文件夹
   C. 该文件夹中只包含有可执行文件

　　D. 该文件夹中包含系统文件

9. 在 Windows 菜单中,暗淡的命令名项目表示该命令(　　)。

　　A. 暂时不能用　　　　B. 正在执行　　　　C. 包含下一层菜单　　D. 包含对话框

10. 在 Windows 环境下,单击当前窗口中的按钮"×"(右上角的关闭按钮),其功能是(　　)。

　　A. 将当前应用程序转为后台运行　　　　B. 退出 Windows 后再关机

　　C. 终止当前应用程序的运行　　　　　　D. 退出 Windows 后重新启动计算机

11. 以下定义语句中正确的是(　　)。

　　A. char　a='A'b='B';　　　　　　　B. float　a=b=10.0;

　　C. int　a=10,*b=&a;　　　　　　　D. float *a,b=&a;

12. 下列选项中,不能用作标识符的是(　　)。

　　A. _1234_　　　　　　B. _1_2　　　　　C. int_2_　　　　　D. 2_int_}

13. 以下程序运行后的输出结果是(　　)。

```
main()
{
    int m=3,n=4,x;
    x=-m++;
    x=x+8/++n;
    printf("%d\n",x);
}
```

　　A. 3　　　　　　　　B. 5　　　　　　　C. -1　　　　　　　D. -2

14. 以下程序运行后的输出结果是(　　)。

```
main()
{
    char a='a',b;
    print("%c,",++a);
    printf("%c\n",b=a++);
}
```

　　A. b,b　　　　　　　B. b,c　　　　　　C. a,b　　　　　　D. a,c

15. 以下程序运行后的输出结果是(　　)。

```
main()
{
    int m=0256,n=256;
    printf("%o%o\n",m,n);
}
```

　　A. 02560400　　　　B. 0256256　　　　C. 256400　　　　D. 400400

16. 以下程序运行后的输出结果是(　　)。

```
main()
{
```

```
        int a=666,b=888;
        printf("%d\n",a,b);
    }
```

A. 错误信息   B. 666   C. 888   D. 666,888

17. 以下程序运行后的输出结果是(   )。

```
    main()
    {
        int i;
        for(i=0;i<3;i++)
        switch(i)
        {
            case 0: printf("%d",i);
            case 2: printf("%d",i);
            default: printf("%d",i);
        }
    }
```

A. 022111   B. 021021   C. 000122   D. 012

18. 若 x 和 y 代表整型数，以下表达式中不能正确表示数学关系|x-y|<10 的是(   )。

A. abs(x-y)<10   B. x-y>-10&&x-y<10

C. @(x-y)<-10||!(y-x)>10   D. (x-y)*(x-y)<100

19. 以下程序运行后的输出结果是(   )。

```
    main()
    {
        int a=3,b=4,c=5,d=2;
        if(a>b)
            if(b>c)
                printf("%d",d+++1);
            else
                printf("%d",++d+1);
        printf("%d\n",d);
    }
```

A. 2   B. 3   C. 43   D. 44

20. 下列条件语句中，功能与其他语句不同的是(   )。

A. if(a) printf("%d\n",x);else printf("%d\n",y);

B. if(a==0) printf("%d\n",y);else printf("%d\n",x);

C. if(a!=0) printf("%d\n",x);else printf("%d\n",y);

D. if(a==0) printf("%d\n",x);else printf("%d\n",y);

21. 以下程序运行后的输出结果是(   )。

```
    main()
```

```
    {
        int i=0,x=0;
        for(;;)
        {
            if(i==3||i==5)    continue;
            if(i==6)        break;
            i++;
            s+=i;
        }
        printf("%d\n",s);
    }
```
　A. 10　　　　　　　　B. 13　　　　　　　C. 21　　　　　　　D. 程序进入死循环

22. 若变量已正确定义，下面程序段不能求 5!的是(　　　)。
　A. for(i=1,p=1;i<=5;i++)p*=i;
　B. for(i=1;i<=5;i++){p=1;p*=i;}
　C. i=1;p=1;while(i<=5) {p*=i;i++;}
　D. i=1;p=1;do{p*=i;i++;}while(i<=5);

23. 以下程序运行时从键盘上输入 6 5 65 66 <回车>，则输出结果是(　　　)。
```
    main()
    {
        char a,b,c,d;
        scanf("%c,%c,%d,%d",&a,&b,&c,&d);
        printf("%c,%c,%c,%c\n",a,b,c,d);
    }
```
　A. 6,5,A,B　　　　　B. 6,5,65,66　　　　C. 6,5,6,5　　　　D. 6,5,6,6

24. 以下能正确定义二维数组的是(　　　)。
　A. int a[][3];　　　　　　　　　　　B. int a[][3]=2{2*3};
　C. int a[][3]={{1},{2},{3,4}};　　　D. int a[2]3]={{1},{2},{3,4}};

25. 以下程序运行后的输出结果是(　　　)。
```
    int f(int a)
    {
        return a%2;
    }
    main()
    {
        int s[8]={1,3,5,2,4,6},i,d=0;
        for(i=0;f(s);i++)
            d+=s;
        printf("%d\n",d);
```

```
        }
```

    A. 9   B. 11   C. 19   D. 21

26. 若有语句 "int c[4][5],(*p)[5];p=c;"，则能正确引用 c 数组元素的是(　　)。

    A. p+1   B. *(p+3)   C. *(p+1)+3   D. *(p[0]+2))

27. 以下程序运行后的输出结果是(　　)。

```
    main()
    {
        int a=7,b=8,*p,*q,*r;
        p=&a;q=&b;
        r=p;p=q;q=r;
        printf("%d,%d,%d,%d\n",*p,*q,a,b);
    }
```

    A. 8,7,8,7   B. 7,8,7,8   C. 8,7,7,8   D. 7,8,8,7

28. s1 和 s2 已正确定义并分别指向两个字符串。若要求当 s1 所指字符串大于 s2 所指字符串时，执行语句 "S;"，则以下选项中 if 语句使用正确的是(　　)。

    A. if(s1>s2) S;   B. if(strcmp(s1,s2)) S;

    C. if(strcmp(s2,s1)>0) S;   D. if(strcmp(s1,s2)>0) S;

29. 设有定义语句

```
        int x[6]={2,4,6,8,5,7},*p=x,i;
```

要求依次输出 x 数组 6 个元素中的值，以下选项中不能完成此操作的语句是(　　)。

    A. for(i=0;i<6;i++) printf("%2d",*(p++));

    B. for(i=0;i<6;i++) printf("%2d",*(p+i));

    C. for(i=0;i<6;i++) printf("%2d",*p++);

    D. for(i=0;i<6;i++) printf("%2d",(*p)++);

30. 以下程序运行后的输出结果是(　　)。

```
    #include<stdio.h>
    main()
    {
        int a[]={1,2,3,4,5,6,7,8,9,10,11,12,},*p=a+5,*q=NULL;
        *q=*(p+5);
        printf("%d%d\n",*p,*q);
    }
```

    A. 运行后报错   B. 66   C. 611   D. 510

31. 若有以下定义和语句

```
        int a[3][2]={1,2,3,4,5,6},*p[3];
        p[0]=a[1];
```

则*(p[0]+1)所代表的数组元素是(　　)。

    A. a[0][1]   B. a[1][0]   C. a[1][1]   D. a[1][2]

32. 以下程序运行后的输出结果是(　　)。

```
main()
{
    char str[][10]={"China","Beijing"},*p=str;
    printf("%s\n",p+10);
}
```

 A．China   B．Beijing   C．ng   D．ing

33．以下程序运行后的输出结果是(   )。

```
main()
{
    unsigned int a;
    int b=-1;
    a=b;
    printf("%u",a);
}
```

 A．−1   B．65535   C．32767   D．−32768

34．以下程序运行后的输出结果是(   )。

```
void fun(int *a,int i,int j)
{
    int t;
    if(i<j)
    {
        t=a[i];a[i]=a[j];a[j]=t;
        i++;j--;
        fun(a,i,j);
    }
}
main()
{
    int x[]={2,6,1,8},i;
    fun(x,0,3);
    for(i=0;i<4;i++)
        printf("%d",x[i]);
    printf("\n");
}
```

 A．1268   B．8621   C．8162   D．8612

35．若有以下说明和定义语句

```
struct student
{
    int age;char num[8];
```

```
};
struct student stu[3]={{20,"200401"},{21,"200402"},{22,"200403"}};
struct student *p=stu;
```

则以下选项中引用结构类型变量成员的表达式错误的是(　　)。

    A. (p++)->num   B. p->num

    C. (*p).num   D. stu[3].age

36. 以下程序运行后的输出结果是(　　)。

```
main()
{
    int x[]={1,3,5,7,2,4,6,0},i,j,k;
    for(i=0;i<3;i++)
        for(j=2;j>=i;j--)
            if(x[j+1]>x[j])      {k=x[j];x[j]=x[j+1];x[j+1]=k;}
    for(i=0;i<3;i++)
        for(j=4;j<7-i;j++)
            if(x[j+1]<x[j])      {k=x[j];x[j]=x[j+1];x[j+1]=k;}
    for(i=0;i<8;i++)      printf("%d",x[i]);
    printf("\n");
}
```

    A. 75310246   B. 01234567   C. 76310462   D. 13570246

37. 以下程序中若文本文件 f1.txt 中原有内容为 good，则运行程序后文件 f1.txt 中的内容为(　　)。

```
#include <stdio.h>
main()
{
    FILE *fp1;
    fp1=fopen("f1.txt","w");
    fprintf(fp1,"abc");
    fclose(fp1);
}
```

    A. goodabc   B. abcd   C. abc   D. abcgood

38～40. 以下程序的功能是建立一个带有头结点的单向链表，并将存储在数组中的字符依次转储到链表的各个结点中。请从与程序中所标号码对应的一组选项中选择出正确的选项。

```
#include <stdio.h>
struct node
{
    char data;struct node *next;
};
```

```
(38) CreatList(char *s)
{
        struct node *h,*p,*q;
        h=(struct node*)malloc(sizeof(struct node));
        p=q=h;
        while(*s!='\0')
        {
                p=(struct node*)malloc(sizeof(struct node));
                p->data=(39);
                q->next=p;
                q=(40);
                s++;
        }
        p->next='\0';
        return h;
}
main()
{
        char str[]="linklist";
        struct node *head;
        head=CreatList(str);
}
```

38. A. char *　　　　B. struct node　C. struct node *　　　D. char
39. A. *s　　　　　　B. s　　　　　　C. *s++　　　　　　D. (*s)++
40. A. p->next　　　B. p　　　　　　C. s　　　　　　　　D. s->next

(二) 程序填空题(18 分)

给定程序中，函数 fun()的功能是，将形参 n 所指变量中各位上为偶数的数去除，并将剩余的数按原来从高位到低位的顺序组成一个新的数，且通过形参指针 n 传回所指变量。例如，输入 27638496，则新的数为 739。

请在程序的下画线处填入正确的内容并把下画线删除，使程序得出正确的结果。

注意：源程序存放在考生文件夹下的 BLANK1.c 文件中，不得增行或删行，也不得更改程序的结构!

给定源程序如下：

```
#include<stdio.h>
void fun(unsigned long *n)
{
        unsigned long x=0,i;int t;
        i=1;
```

```
        while(*n)
        /*******found******/
        {
            t=*n %    1   ;
            /*******found******/
            if(t%2!=   2   )
            {
                x=x+t*i;
                i=i*10;
            }
            *n=*n /10;
        }
        /*******found******/
        *n=   3   ;
    }
    main()
    {
        unsigned long n=-1;
        while(n>99999999||n<0)
        {
            printf("Please input(0<n<100000000): ");
            scanf("%ld",&n);
        }
        fun(&n);
        printf("\nThe result is: %ld\n",n);
    }
```

(三) 程序改错题(18 分)

给定程序 MODI1.c 中函数 fun()的功能是，求 S 的值。设

$$S = \frac{1^2}{1 \cdot 3} \times \frac{4^2}{3 \cdot 5} \times \frac{6^2}{5 \cdot 7} \times \cdots \times \frac{(2k)^2}{(2k-1) \cdot (2k+1)}$$

请改正函数 fun()中的错误，使程序能输出正确的结果。

注意：不要改动 main()函数，不得增行或删行，也不得更改程序的结构。

给定源程序如下：

```
#include<conio.h>
#include<stdio.h>
#include<math.h>
/*******found******/
fun(int k)
```

```
    {
        int n;float s,w,p,q;
        n=1;
        s=1.0;
        while(n<=k)
        {
            w=2.0*n;
            p=w-1.0;
            q=w+1.0;
            s=s*w*w/p/q;
            n++;
        }
        /*******found*******/
        return s
    }


    main()
    {
        clrscr();
        printf("%f\n",fun(10));
    }
```

(四) 程序设计题(24 分)

编写函数 fun()，它的功能是计算并输出下列级数和：

$$S = \frac{1}{1 \times 2} + \frac{1}{2 \times 3} + \cdots + \frac{1}{n(n+1)}$$

例如，当 n=10 时，函数值为 0.909 091。

注意：部分源程序存在 PROG1.c 文件中。

请勿改动主函数 main()和其他函数中的任何内容，仅在函数 fun()的花括号中填入你编写的若干语句。

给定源程序如下：

```
    #include<conio.h>
    #include<stdio.h>
    double fun(int n)
    {



    }
    main()                    /*主函数*/
```

```
    {
        clrscr();
        printf("%f\n",fun(10));
        NONO();
    }
    NONO()                    /*本函数用于打开文件，输入数据，调用函数，输出数据，关闭文件。*/
    {
        FILE *fp,*wf;
        int i,n;
        double s;
        fp=fopen("bc07.in","r");
        if(fp==NULL)
        {
            printf("数据文件 bc07.in 不存在!");
            return;
        }
        wf=fopen("bc07.out","w");
        for(i=0;i<10;i++)
        {
            fscanf(fp,"%d",&n);
            s=fun(n);
            fprintf(wf,"%f\n",s);
        }
        fclose(fp);
        fclose(wf);
    }
```

模拟试题 1 参考答案

(一) 选择题

1. C   2. B   3. A   4. D   5. C   6. B   7. A   8. B   9. A   10. C
11. C   12. D   13. D   14. A   15. C   16. B   17. C   18. C   19. A   20. D
21. D   22. B   23. A   24. C   25. A   26. D   27. C   28. D   29. D   30. A
31. C   32. B   33. B   34. C   35. D   36. A   37. C   38. C   39. A   40. B

(二) 程序填空题

第 1 处：t 是通过取模的方式来得到*n 的各位数字，所以应填 10。

第 2 处：判断是否为奇数，所以应填 0。

第 3 处：通过形参 n 来返回新的数 x，所以应填 x。

(三) 程序改错题

① 将"fun(int k)"改为"float fun(int k)"。

② 将"return s"改为"return s;"。

(四) 程序设计题

在函数 fun()的花括号中填入以下语句：

```
double s=0.0;

int i;

for(i=1;i<=n;i++)

    s=s+1.0/(i*(i+1));

return s;
```

模拟试题 2

(一) 选择题(每题 1 分，共 40 分)

下列各题 A、B、C、D 四个选项中，只有一个选项是正确的。

1. 应用软件是指(　　)。

　A. 所有能够使用的软件

　B. 能被各应用单位共同使用的某种软件

　C. 所有计算机上都应使用的基本软件

　D. 专门为某一应用目的而编写的软件

2. 下列各无符号十进制数中，能用于表示八进制数的是(　　)。

　A. 296　　　　　　　B. 383　　　　　　　C. 256　　　　　　　D. 199

3. 计算机的软件系统可分类为(　　)。

　A. 程序与数据　　　　　　　　　　B. 系统软件与应用软件

　C. 操作系统与语言处理程序　　　　D. 程序数据与文档

4. 算法的时间复杂度是指(　　)。

　A. 算法的执行时间

　B. 算法所处理的数据量

　C. 算法程序中的语句或指令条数

　D. 算法在执行过程中所需要的基本运算次数

5. 数据流程图(DFD)是(　　)。

　A. 软件概要设计的工具

　B. 软件详细设计的工具

　C. 结构化方法的需求分析工具

　D. 面向对象方法的需求分析工具

6. 软件生命周期可以分为定义阶段、开发阶段和维护阶段，详细设计属于( )。

    A. 定义阶段   B. 开发阶段

    C. 维护阶段   D. 上述三个阶段

7. 数据库管理系统中负责数据模式定义的语言是( )。

    A. 数据定义语言   B. 数据管理语言

    C. 数据操纵语言   D. 数据控制语言

8. 在学生管理的关系数据库中，存取一个学生信息的数据单位是( )。

    A. 文件   B. 数据库   C. 字段   D. 记录

9. 数据库设计中，用 E-R 图来描述信息结构但不涉及信息在计算机中的表示，它属于数据库设计的( )。

    A. 需求分析阶段   B. 逻辑设计阶段

    C. 概念设计阶段   D. 物理设计阶段

10. 关系 R 和 T 如下：

R

A	B	C
a	1	2
b	2	2
c	3	2
d	3	2

T

A	B	C
c	3	2
d	3	2

则由关系 R 得到关系 T 的操作是( )。

    A. 选择   B. 投影   C. 交   D. 并

11. 以下 C 语言标识符中，不合法的是( )。

    A. _1   B. AaBc   C. a_b   D. a—b

12. 若有定义 "double a=22;int i=0,k=18;"，则不符合 C 语言规定的赋值表达式是( )。

    A. a=a++,i++   B. i=(a+k)<=(i+k)

    C. i=a%1   D. i=!a

13. 以下关于 return 语句的叙述中正确的是( )。

    A. 一个自定义函数中必须有一条 return 语句

    B. 一个自定义函数中可以根据不同情况设置多条 return 语句

    C. 定义成 void 类型的函数中可以有带返回值的 return 语句

    D. 没有 return 语句的自定义函数在执行结束时不能返回到调用处

14. C 语言提供的合法的数据类型关键字是( )。

    A. Double   B. short   C. integer   D. Char

15. 在 C 语言中，合法的长整型常数是( )。

    A. 0L   B. 4962710   C. 0.054 838 743   D. 2.1869e10

16. 表达式"10!=9"的值是(   )。

    A. true   B. 非零值   C. 0   D. 1

17. C 语言中，合法的字符型常数是(   )。

    A. '\t'   B. "A"   C. 65   D. A

18. 若有如下说明和语句：

```
int a=5;
a++;
```

则表达式 a++的值是(   )。

    A. 7   B. 6   C. 5   D. 4

19. 若有说明"int i,j=7,*p=&i;"，则与"i=j;"等价的语句是(   )。

    A. i=*p;   B. *p=*&j;   C. i=&j;   D. i=**p;

20. 以下选项中不能把字符串"Hello! "赋给数组 b 的语句是(   )。

    A. char b[10]={'H','e','l','l','o','!'};

    B. char b[10];b="Hello!";

    C. char b[10];strcpy(b,"Hello!");

    D. char b[10]="Hello!";

21. 若有以下说明：

```
int a[12]={1,2,3,4,5,6,7,8,9,10,11,12};
char c='a',d,g;
```

则数值为 4 的表达式是(   )。

    A. a[g-c]   B. a[4]   C. a['d'-'c']   D. a['d'-c]

22. 若有说明"int a[10]={1,2,3,4,5,6,7,8,9,10},*p=a;"，则数值为 6 的表达式是(   )。

    A. *p+6   B. *(p+5)   C. *p+=5   D. p+5

23. 若有以下说明：

```
int w[3][4]={{0,1},{2,4},{5,8}};
in t(*p)[4]=w;
```

则数值为 4 的表达式是(   )。

    A. *w[1]+1   B. p++,*(p+1)   C. w[2][2]   D. p[1][1]

24. 若程序中有下面的说明和定义：

```
struct abc
{
    int x;
    char y;
}
struct abc s1,s2;
```

则会发生的情况是(   )。

    A. 编译出错

    B. 程序将顺利编译、链接、执行

    C. 能顺利通过编译、链接、但不能执行

D. 能顺利通过编译、但链接出错

25. 能正确表示 a≥10 或 a≤0 的关系表达式是(　　)。

    A. a>=10 or a<=0 　　　　　　　　　　　B. a>=10 | a<=0

    C. a>=10 || a<=0 　　　　　　　　　　　D. a>=10 || a=<0

26. 设有定义 "char *aa[2]={ "abcd","ABCD"};"，则以下说法中正确的是(　　)。

    A. aa 数组组成元素的值分别是 "abcd" 和 "ABCD"

    B. aa 是指针变量，它指向含有两个数组元素的字符型一维数组

    C. aa 数组的两个元素分别存放的是含有 4 个字符的一维字符数组的首地址

    D. aa 数组的两个元素中各自存放了字符 "a" 和 "A" 的地址

27. 根据下面的定义，能打印出字母 m 的语句是(　　)。

```
struct person
{
    char name[9];
    int age;
}
struct person class[10]={"john",17,"paul",19,"mary",18,"adam",16};
```

    A. printf("%c\n",class[3].name);

    B. printf("%c\n",class[3].name[1]);

    C. printf("%c\n",class[2].name[1]);

    D. printf("%c\n",class[2].name[0]);

28. 有以下定义：

```
int a[4][3]={1,2,3,4,5,6,7,8,9,10,11,12};
int (*ptr)[3]=a,*p=a[0];
```

则下列能够正确表示数组元素 a[1][2]的表达式是(　　)。

    A. *((*ptr+1)+2)　　　　B. *(*(p+5))　　　C. (*ptr+1)+2　　　D. *(*(a+1)+2)

29. 以下程序输出的结果是(　　)。

```
#include <stdio.h>
f(char *s)
{
    char *p=s;
    while(*p!='\0')   p++;
    return(p-s);
}
main()
{
    printf("%d\n",f("ABCDEF"));
}
```

    A. 3　　　　　　　　　　　B. 6　　　　　　　　C. 8　　　　　　　　D. 0

30. 下面程序段的输出结果是(　　)。

```c
#include <stdio.h>
void fun(int *x)
{
    printf("%d",++*x);
}
void main()
{
    int y=15;
    fun(&y);
}
```

    A. 15   B. 16   C. 17   D. 18

31. 下面程序输出数组中的最大值，并由 s 指针指向该元素，则在 if 语句中的判断表达式应该是(　　)。

```c
main()
{
    int a[10]={6,7,2,9,1,10,5,8,4,3},*p,*s;
    for(p=a,s=a;p-a<10;p++)
        if(---?---) s=p;
    printf("Themax:%d",*s);
}
```

    A. p>s   B. *p>*s   C. a[p]>a[s]   D. p-a>p-s

32. 以下程序运行后的输出结果是(　　)。

```c
main()
{
    char ch[2][5]={"693","825"},*p[2];
    int i,j,s=0;
    for(i=0;i<2;i++)
        p[i]=ch[i];
    for(i=0;i<2;i++)
        for(j=0;p[i][j]>='0'&&p[i][j]<='9';j++)
            s=10*s+p[i][j]-'0';
    printf("%d\n",s);
}
```

    A. 6385   B. 22   C. 33   D. 693825

33. 以下程序运行后的输出结果是(　　)。

```c
fut(int **s,int p[2][3])
{
    **s=p[1][1];
}
```

```
main()
{
    int a[2][3]={1,3,5,7,9,11},*p;
    p=(int *)malloc(sizeof(int));
    fut(&p,a);
    printf("%d\n",*p);
}
```

    A. 1   B. 7   C. 9   D. 11

34. 设有定义"int a=1,b=2,c=3,d=4,m=2,n=2;",则执行表达式"(m=a>b)&&(n=c>d)"后 n 的值为( )。

    A. 1   B. 2   C. 3   D. 0

35. 以下程序运行后的输出结果是( )。

```
int d=1;
fun(int p)
{
    int d=5;   d+=p++;
    printf("%d",d);
}
main()
{
    int a=3;
    fun(a);
    d+=a++;
    printf("%d\n",d);
}
```

    A. 84   B. 99   C. 95   D. 44

36. 以下程序运行后的输出结果是( )。

```
main()
{
    int i,j,x=0;
    for(i=0;i<2;i++)
    {
        x++;
        for(j=0;j<3;j++)
        {
            if(j%2) continue;
            x++;
        }
        x++;
```

```
        }
        printf("x=%d\n",x);
    }
```

    A. x=4   B. x=8   C. x=6   D. x=12

37. 以下程序运行后的输出结果是(　　)。

```
    int d=1;
    fun(int p)
    {
        int d=5;
        d+=++p;
        printf("%d",d);
    }
    main()
    {
        int a=3;
        fun(a);
        d+=++a;
        printf("%d\n",d);
    }
```

    A. 95   B. 96   C. 94   D. 85

38. 以下程序运行后的输出结果是(　　)。

```
    main()
    {
        char ch[2][5]={"6934","8254"},*p[2];
        int i,j,s=0;
        for(i=0;i<2;i++)
            p[i]=ch[i];
        for(i=0;i<2;i++)
            for(j=0;p[i][j]>'\0'&&p[i][j]<='9';j+=2)
                s=10*s+p[i][j]-'0';
        printf("%d\n",s);
    }
```

    A. 6385   B. 69825   C. 63825   D. 693825

39. 以下程序运行后的输出结果是(　　)。

```
    main()
    {
        int a[2][3]={1,3,5,7,9,11},*p;
        p=&a[0][1];
        printf("%d\n",*(p+3));
    }
```

```
    }
```

　　A. 1　　　　　　B. 7　　　　　　C. 9　　　　　D. 11

40. 以下程序运行后的输出结果是(　　　)。

```
    main()
    {
        int y=18,i=0,j,a[8];
        do
        {   a[i]=y%2;i++;
            y=y/2;
        }while(y>=1);
        for(j=i-1;j>0;j--)
            printf("%d",a[j]);
        printf("\n");
    }
```

　　A. 1000　　　　　B. 1001　　　　　C. 0011　　　　　D. 1010

(二) 程序填空题(18 分)

　　给定程序中，函数 fun()的功能是将形参给定的字符串、整数、浮点数写入文本文件中，再用字符方式从此文本文件中逐个读取并显示在终端屏幕上。

　　请在程序的下画线处填入正确的内容并把下画线删除，使程序输出正确的结果。

　　注意：源程序存放在考生文件夹下的 BLANK1.c 文件中，不得增行或删行，也不得更改程序的结构！

　　给定源程序如下：

```
    #include<stdio.h>
    void fun(char s,int a,double f)
    {
        /*******found*******/
        __1__ fp;
        char ch;
        fp=fopen("file1.txt","w");
        fprintf(fp,"%s %d %f\n",s,a,f);
        fclose(fp);
        fp=fopen("file1.txt","r");
        printf("\nThe result :\n\n");
        ch=fgetc(fp);
        /*******found*******/
        while (!feof(__2__))
        {
            /*******found*******/
```

```
            putchar(__3__);
            ch=fgetc(fp);
        }
        putchar('\n');
        fclose(fp);
    }
    main()
    {
        char a[10]="Hello!";int b=12345;
        double c=98.76;
        fun(a,b,c);
    }
```

(三) 程序改错题(18 分)

给定程序 MODI1.c 中的函数 fun()的功能是计算 S = f(− n) + f(− n + 1) + ⋯ + f(0) + f(1) + f(2) + ⋯ + f(n)的值。例如，当 n 为 5 时，函数值应为 10.407143。f(x)为

$$f(x) = \begin{cases} (x+1)/(x-2) & x > 0 \\ 0 & x = 0 \text{或} x = 2 \\ (x-1)/(x-2) & x < 0 \end{cases}$$

请改正函数 f()和 fun()中的错误，使程序能输出正确的结果。

注意：不要改动 main()函数，不得增行或删行，也不得更改程序的结构。

给定源程序如下：

```
#include<conio.h>
#include<stdio.h>
#include<math.h>
/*******found*******/
f(double x)
{
    if(x==0.0||x==2.0)
        return 0.0;
    else if(x<0.0)
            return (x-1)/(x-2);
        else
            return (x+1)/(x-2);
}
double fun(int n)
{
    int i;double s=0.0,y;
```

```
        for(i=-n;i<=n;i++)
        {
                y=f(1.0*i);s+=y;
        }
    /*******found*******/
        return s
    }
    main()
    {
        clrscr();
        printf("%f\n",fun(5));
    }
```

(四) 程序设计题(24 分)

编写函数 fun()，它的功能是根据 $P = \dfrac{m!}{n!(m-n)!}$ 求 P 的值，结果由函数值返回。m 与 n 为两个正整数且 m>n。例如，当 m=12，n=8 时，程序运行结果为 495.000 000。

注意：部分源程序存在 PROG1.c 文件中。

请勿改动主函数 main()和其他函数中的任何内容，仅在函数 fun()的花括号中填入你编写的若干语句。

给定源程序如下：

```
    #include<stdio.h>
    #include<dos.h>
    long jc(int x)                  /*定义求阶乘的函数 jc()*/
    {
        long s=1;
        int i;
        for(i=1;i<=x;i++)
            s=s*i;
        return s;
    }
    float fun(int m,int n)
    {


    }
    main()                  /*主函数*/
    {
        clrscr();
```

```
        printf("P=%f\n",fun(12,8));
        NONO();
    }
    NONO()              /*本函数用于打开文件，输入数据，调用函数，输出数据，关闭文件。*/
    {
        FILE *fp,*wf;
        Int i,m,n;
        float s;
        fp=fopen("bc03.in","r");
        if(fp==NULL)
        {
            printf("数据文件 bc03.in 不存在!");
            return;
        }
        wf=fopen("bc03.out","w");
        for(i=0;i<10;i++)
        {
            fscanf(fp,"%d,%d",&m,&n);
            s=fun(m,n);
            fprintf(wf,"%f\n",s);
        }
        fclose(fp);
        fclose(wf);
    }
```

模拟试题 2 参考答案

(一) 选择题

1. D   2. C   3. B   4. D   5. C   6. B   7. A   8. D   9. C   10. A
11. D   12. C   13. B   14. B   15. A   16. D   17. A   18. B   19. B   20. B
21. D   22. B   23. D   24. A   25. C   26. D   27. D   28. D   29. B   30. B
31. B   32. D   33. C   34. D   35. A   36. B   37. A   38. A   39. C   40. B

(二) 程序填空题

第 1 处：定义文本文件类型指针变量，所以应填 "FILE *"。
第 2 处：判断文件是否结束，所以应填 "fp"。
第 3 处：显示读出的字符，所以应填 "ch"。

(三) 程序改错题

① 将"f(double x)"改为"float f(double x)"。

② 将"return s"改为"return s;"，即加一个分号。

(四) 程序设计题

在 fun()函数的花括号中填入以下语句：

```
float p;
p=1.0*jc(m)/(jc(n)*jc(m-n));
return p;
```

模拟试题 3

(一) 选择题(每题 1 分，共 40 分)

下列各题 A、B、C、D 四个选项中，只有一个选项是正确的。

1. 在 32 位计算机中，一个字长所占的字节数为(　　)。

　　A. 1　　　　　　B. 2　　　　　　C. 4　　　　　　D. 8

2. 与十进制 511 等值的十六进制数为(　　)。

　　A. 1FF　　　　B. 2FF　　　　C. 1FE　　　　D. 2FE

3. 能将高级语言编写的源程序转换成目标程序的是(　　)。

　　A. 编辑程序　　B. 编译程序　　C. 解释程序　　D. 链接程序

4. 在计算机系统中，存储一个汉字的国标码所需要的字节数为(　　)。

　　A. 1　　　　　　B. 2　　　　　　C. 3　　　　　　D. 4

5. 下列带有通配符的文件名，能表示文件 ABC.TXT 的是(　　)。

　　A. *BC.?　　　B. A?.*　　　　C. ?BC.*　　　　D. ?.?

6. 在多媒体计算机系统中，不能用以存储多媒体信息的是(　　)。

　　A. 光缆　　　　B. 软盘　　　　C. 硬盘　　　　D. 光盘

7. 下列叙述中，正确的是(　　)。

　　A. 对长度为 n 的有序链表进行查找，最坏情况下需要的比较次数为 n

　　B. 对长度为 n 的有序链表进行查找，最坏情况下需要的比较次数为(n/2)

　　C. 对长度为 n 的有序链表进行查找，最坏情况下需要的比较次数为(lnn)

　　D. 对长度为 n 的有序链表进行查找，最坏情况下需要的比较次数为(n lnn)

8. 在 Windows 环境下，若要将当前活动窗口存入剪贴板，则可以按(　　)。

　　A. Ctrl+PrintScreen 键　　　　　　B. Shift+PrintScreen 键

　　C. PrintScreen 键　　　　　　　　D. Alt+PrintScreen 键

9. 在 Windows 环境下，单击当前应用程序窗口的"关闭"按钮，其功能是(　　)。

　　A. 将当前应用程序转为后台运行

　　B. 退出 Windows 后再关机

　　C. 退出 Windows 后重新启动计算机

D. 终止当前应用程序的运行

10. 在 Windows 环境下，粘贴快捷键是(　　)。

    A. Ctrl+Z　　　　　　B. Ctrl+X　　　　　　C. Ctrl+C　　　　　　D. Ctrl+V

11. 以下叙述中正确的是(　　)。

    A. 构成 C 程序的基本单位是函数

    B. 可以在一个函数中定义另一个函数

    C. main()函数必须放在其他函数之前

    D. 所有被调用的函数一定要在调用之前进行定义

12. 以下选项中合法的用户标识符是(　　)。

    A. long　　　　　　　B. _2Test　　　　　　C. 3Dmax　　　　　　D. A.dat

13. 已知大写字母 A 的 ASCII 码是 65，小写字母 a 的 ASCII 码是 97，则用八进制表示的字符常量 '\101' 是(　　)。

    A. 字符 A　　　　　　B. 字符 a　　　　　　C. 字符 e　　　　　　D. 非法的常量

14. 已知 i、j、k 为 int 型变量，若从键盘输入 1 2 3 <回车>，使 i 的值为 1，j 的值为 2，k 的值为 3，则以下选项中正确的输入语句是(　　)。

    A. scanf("%2d%2d%2d",&i,&j,&k);

    B. scanf("%d%d%d",&i,&j,&k);

    C. scanf("%d,%d,%d",&i,&j,&k);

    D. scanf("i=%d,j=%d,k=%d",&i,&j,&k);

15. 以下程序运行后的输出结果是(　　)。

```
main()
{
    int k=2,i=2,m;
    m=(k+=i*=k);printf(%d,%d\n,m,i);
}
```

    A. 8,6　　　　　　　　B. 8,3　　　　　　　　C. 6,4　　　　　　　　D. 7,4

16. 已有定义"int x=3,y=4,z=5;"，则表达式!(x+y)+z-1&&y+z/2 的值是(　　)。

    A. 6　　　　　　　　　B. 0　　　　　　　　　C. 2　　　　　　　　　D. 1

17. 有一函数

$$y=\begin{cases}1 & x>0 \\ 0 & x=0 \\ -1 & x<0\end{cases}$$

以下程序段中不能根据 x 的值正确计算出 y 的值的是(　　)。

    A. if(x>0) y=1;else if(x==0) y=0;else y=-1;

    B. y=0;if(x>0) y=1;else if(x<0) y=-1;

    C. y=0;if(x>=0) if(x>0) y=1;else y=-1;

    D. if(x>=0) if(x>0) y=1;else y=0;else y=-1;

18. 以下选项中，与 k=n++ 完全等价的表达式是(　　)。

A. k=n,n=n+1   B. n=n+1,k=n   C. k=++n   D. k+=n+1

19. 以下程序的功能是按顺序读取 10 名学生的 4 门课程成绩，并计算出每位学生的平均分。

```
main()
{
    int n,k;
    float score,sum,ave;
    sum=0.0;
    for(n=1;n<=10;n++)
    {
        for(k=1;k<=4;k++)
        {
            scanf("%f",&score);
            sum+=score;
        }
        ave=sum/4.0;
        printf("NO%d:%f\n",n,ave);
    }
}
```

上述程序运行后结果不正确，调试中发现有一条语句在程序中的位置不正确。这条语句是(   )。

    A. sum=0.0;   B. sum+=score;
    C. ave=sum/4.0;   D. printf("NO%d:%f\n",n,ave);

20. 以下程序段中，do-while 循环的结束条件是(   )。

```
int n=0,p;
do
{   scanf("%d",&p);
    n++;
}
while(p!=12345&&n<3);
```

    A. p 的值不等于 12 345，并且 n 的值小于 3
    B. p 的值等于 12 345，并且 n 的值大于等于 3
    C. p 的值不等于 12 345，或者 n 的值小于 3
    D. p 的值等于 12 345，或者 n 的值大于等于 3

21. 以下程序运行后的输出结果是(   )。

```
main()
{
    int a=15,b=21,m=0;
    switch(a%3)
```

```
        {
            case 0:m++;break;
            case 1:m++;
                switch(b%2)
                {
                    default:m++;
                    case 0:m++;break;
                }
        }
        printf("%d\n",m);
    }
```
　　A. 1　　　　　　　　B. 2　　　　　　　　C. 3　　　　　　　　D. 4

22. 若有说明"int n=2,*p=&n,*q=p;"，则以下非法的赋值语句是(　　)。
　　A. p=q;　　　　B. *p=*q;　　　　　　C. n=*q;　　　　　　D. p=n;

23. 以下程序运行后的输出结果是(　　)。

```
    float fun(int x,int y)
    {
        return(x+y);
    }
    main()
    {
        int a=2,b=5,c=8;
        printf("%3.0f\n",fun((int)fun(a+c,b),a-c));
    }
```
　　A. 5　　　　　　　　B. 9　　　　　　　　C. 7　　　　　　　　D. 10

24. 以下程序运行后的输出结果是(　　)。

```
    void fun(char *c,int d)
    {
        *c=*c+1;d=d+1;
        printf("%c,%c",*c,d);
    }
    main()
    {
        char a='A',b='a';
        fun(&b,a);printf(",%c,%c\n",a,b);
    }
```
　　A. B,a,B,a　　　　　　B. a,B,a,B　　　　　C. A,b,A,b　　　　D. b,B,A,b

25. 以下程序中函数 sort()的功能是对 a 所指数组中的数据按由大到小的顺序排序，程序运行后的输出结果是(　　)。

```
void sort(int a[],int n)
{
    int i,j,t;
    for(i=0;i<n-1;i++)
        for(j=i+1;j<n;j++)
            if(a[i]<a[j]) {t=a[i];a[i]=a[j];a[j]=t;}
}
main()
{
    int aa[10]={1,2,3,4,5,6,7,8,9,10},i;
    sort(&aa[3],5);
    for(i=0;i<10;i++) printf("%d,",aa[i]);
    printf("\n");
}
```

A. 1,2,3,4,5,6,7,8,9,10,　　　　　　B. 10,9,8,7,6,5,4,3,2,1,

C. 1,2,3,8,7,6,5,4,9,10,　　　　　　D. 1,2,10,9,8,7,6,5,4,3,

26. 以下程序运行后的输出结果是(　　　)。

```
int f(int n)
{
    if(n==1)      return 1;
    else       return f(n-1)+1;
}
main()
{
    int i,j=0;
    for(i=1;i<3;i++)
        j+=f(i);
    printf("%d\n",j);
}
```

A. 4　　　　　　　B. 3　　　　　　　C. 2　　　　　　　D. 1

27. 以下程序运行后的输出结果是(　　　)。

```
main()
{
    char a[]={'a','b','c','d','e','f','g','h','\0'};int i,j;
    i=sizeof(a);j=strlen(a);
    printf("%d,%d\n",i,j);
}
```

A. 9,9　　　　　　B. 8,9　　　　　　C. 1,8　　　　　　D. 9,8

28. 以下程序中的函数 reverse()的功能是将 a 所指数组中的内容进行逆置，程序运行后的输出结果是(　　)。

```
void reverse(int a[],int n)
{
    int i,t;
    for(i=0;i<n/2;i++)
    {   t=a[i];a[i]=a[n-1-i];a[n-1-i]=t;}
}
main()
{
    int b[10]={1,2,3,4,5,6,7,8,9,10};int i,s=0;
    reverse(b,8);
    for(i=6;i<10;i++)
        s+=b[i];
    printf("%d\n",s);
}
```

  A. 22   B. 10   C. 34   D. 30

29. 以下程序运行后的输出结果是(　　)。

```
main()
{
    int aa[4][4]={{1,2,3,4},{5,6,7,8},{3,9,10,2},{4,2,9,6}};
    int i,s=0;
    for(i=0;i<4;i++) s+=aa[i][1];
    printf("%d\n",s);
}
```

  A. 11   B. 19   C. 13   D. 20

30. 以下程序运行后的输出结果是(　　)。

```
#include <string.h>
main()
{
    char *p="abcde\0fghjik\0";
    printf("%d\n",strlen(p));
}
```

  A. 12   B. 15   C. 6   D. 5

31. 程序中头文件 type1.h 的内容如下：

```
#define N 5
#define M1    N*3
```

程序如下：

```
#include type1.h
```

```
#define M2 N*2
main()
{
    int i;
    i=M1+M2;printf("%d\n",i);
}
```

程序编译后运行的输出结果是(   )。

    A. 10   B. 20   C. 25   D. 30

32. 以下程序运行后的输出结果是(   )。

```
#include <stdio.h>
main()
{
    FILE    *fp;int i=20,j=30,k,n;
    fp=fopen("d1.dat","w");
    fprintf(fp,"%d\n",i);
    fprintf(fp,"%d\n",j);
    fclose(fp);
    fp=fopen("d1.dat","r");
    fscanf(fp,"%d%d",&k,&n);
    printf("%d%d\n",k,n);
    fclose(fp);
}
```

    A. 2030   B. 2050   C. 3050   D. 3020

33. 以下程序编译链接后生成的可执行程序文件是 ex1.exe，若运行时输入带参数的命令行是 ex1 abcd efg10<回车>，则程序运行后的输出结果是(   )。

```
#include <string.h>
main(int argc,char *argv[])
{
    int i,len=0;
    for(i=1;i<argc;i++)    len+=strlen(argv[i]);
    printf("%d\n",len);
}
```

    A. 22   B. 17   C. 12   D. 9

34. 以下程序运行后的输出结果是(   )。

```
int fa(int x)
{return x*x;}
int fb(int x)
{return x*x*x;}
int f(int (*f1)(),int (*f2)(),int x)
```

```
{return f2(x)-f1(x);}
main()
{
    int i;
    i=f(fa,fb,2);printf("%d\n",i);
}
```

A. −4　　　　　　B. 1　　　　　　C. 4　　　　　　D. 8

35. 以下程序运行后的输出结果是(　　)。

```
int a=3;
main()
{
    int s=0;
    { int a=5;s+=a++;}
    s+=a++;printf("%d\n",s);
}
```

A. 8　　　　　　B. 10　　　　　　C. 7　　　　　　D. 11

36. 以下程序运行后的输出结果是(　　)。

```
void ss(char *s,char t)
{
    while(*s)
    {
        if(*s==t)
        *s=t-'a'+'A';
            s++;
    }
}
main()
{
    char str1[100]="abcddfefdbd",c='d';
    ss(str1,c);printf("%s\n",str1);
}
```

A. ABCDDEFEDBD　　　　　　B. abcDDfefDbD
C. abcAAfefAbA　　　　　　D. Abcddfefdbd

37. 以下程序运行后的输出结果是(　　)。

```
struct STU
{
    char num[10];
    float score[3];
}
```

```
main()
{
        struct STU s[3]={{ "20021",90,95,85},
                         {"20022",95,80,75},
                         {"20023",100,95,90}},*p=s;
        int i;
        float sum=0;
        for(i=0;i<3;i++)
            sum=sum+p->score[i];
        printf("%6.2f\n",sum);
}
```

    A. 260.00   B. 270.00   C. 280.00   D. 285.00

38. 设有如下定义：

```
struct sk
{
    int a;
    float b;
}data;
int *p;
```

若要使 p 指向 data 中的 a 域，则正确的赋值语句是(　　)。

    A. p=&a;   B. p=data.a;   C. p=&data.a;   D. *p=data.a

39. 以下程序运行后的输出结果是(　　)。

```
#include <stdlib.h>
struct NODE
{
    int num;
    struct NODE *next;
}
main()
{
    struct NODE *p,*q,*r;
    p=(struct NODE *)malloc(sizeof(structNODE));
    q=(struct NODE *)malloc(sizeof(structNODE));
    r=(struct NODE *)malloc(sizeof(structNODE));
    p->num=10;q->num=20;r->num=30;
    p->next=q;q->next=r;
    printf("%d\n",p->num+q->next->num);
}
```

    A. 10   B. 20   C. 30   D. 40

40. 以下程序中函数 f() 的功能是将 n 个字符串按由大到小的顺序进行排序，程序运行后的输出结果是(　　)。

```
#include <string.h>
void f(char p[][10],int n)
{
    char t[20];
    int i,j;
    for(i=0;i<n-1;i++)
        for(j=i+1;j<n;j++)
            if(strcmp(p[i],p[j])<0)
            {
                strcpy(t,p[i]);
                strcpy(p[i],p[j]);
                strcpy(p[j],t);
            }
}
main()
{
    char p[][10]={ "abc","aabdfg","abbd","dcdbe","cd"};int i;
    f(p,5);
    printf("%d\n",strlen(p[0]));
}
```

　　A. 6　　　　　　　B. 4　　　　　　　C. 5　　　　　　　D. 3

(二) 程序填空题(18 分)

给定程序中，函数 fun() 的功能是将不带头结点的单向链表结点数据域中的数据按从小到大的顺序排序。例如，若原链表结点数据域从头至尾的数据为 10、4、2、8、6，排序后链表结点数据域从头至尾的数据为 2、4、6、8、10。

请在程序的下画线处填入正确的内容并把下画线删除，使程序输出正确的结果。

注意：源程序存放在考生文件夹下的 BLANK1.c 文件中，不得增行或删行，也不得更改程序的结构!

给定源程序如下：

```
#include<stdio.h>
#include<stdlib.h>
#define N 6
typedef struct node
{
    int data;
    struct node *next;
```

```
} NODE;
void fun(NODE *h)
{
    NODE *p,*q;int t;
    p=h;
    while (p)
    {
        /*******found******/
        q=__1__;
        /*******found******/
        while (__2__)
        {
            if (p->data>q->data)
            {
                t=p->data;p->data=q->data;q->data=t;
            }
            q=q->next;
        }
        /*******found******/
        p=__3__;
    }
}
NODE *creatlist(int a[])
{
    NODE *h,*p,*q;int i;
    h=NULL;
    for(i=0;i<N;i++)
    {
        q=(NODE *)malloc(sizeof(NODE));
        q->data=a[i];
        q->next=NULL;
        if (h==NULL)
            h=p=q;
        else
        {
            p->next=q;
            p=q;
        }
    }
```

```
            return h;
        }
        void outlist(NODE *h)
        {
            NODE *p;
            p=h;
            if (p==NULL)
                printf("The list is NULL!\n");
            else
            {
                printf("\nHead ");
                do
                {
                    printf("->%d",p->data);
                    p=p->next;}
                while(p!=NULL)
                    printf("->End\n");
            }
        }
        main()
        {
            NODE *head;
            int a[N]={0,10,4,2,8,6 };
            head=creatlist(a);
            printf("\nThe original list:\n");
            outlist(head);
            fun(head);
            printf("\nThe list after inverting :\n");
            outlist(head);
        }
```

(三) 程序改错题(18 分)

给定程序 MODI1.c 中函数 fun()的功能是给定 n 个实数,统计并输出其中在平均值以上
(包括等于平均值)的实数个数。例如,当 n=8 时,输入 193.199,195.673,195.757,196.051,
196.092,196.596,196.579,196.763,所得平均值为 195.838 745,在平均值以上的实数个
数应为 5。

请改正函数 fun()中的错误,使程序能输出正确的结果。

注意:不要改动 main()函数,不得增行或删行,也不得更改程序的结构。

给定源程序如下:

```
#include<stdio.h>
#include<dos.h>
int fun(float x[],int n)
/*******found*******/
int j,c=0;float xa=0.0;
for(j=0;j<n;j++)
     xa+=x[j]/n;
printf("ave=%f\n",xa);
     for(j=0;j<n;j++)
/*******found*******/
          if(x[j]=>xa)
               c++;
     return c;
}
main()
{
     float x[100]={193.199,195.673,195.757,196.051,196.092,196.596,196.579,196.763};
     clrscr();
     printf("%d\n",fun(x,8));
}
```

(四) 程序设计题(24 分)

编写函数 fun(),它的功能是计算 $S = [\ln(1) + \ln(2) + \ln(3) + \cdots + \ln(m)]^{0.5}$。

在 C 语言中可调用 log() 函数求 ln(n)。log() 函数的引用说明是 "double log(double x);"。例如,m=20,fun() 函数值为 6.506 583。

注意:部分源程序存在文件 PROG1.c 文件中。

请勿改动主函数 main() 和其他函数中的任何内容,仅在函数 fun() 的花括号中填入你编写的若干语句。

给定源程序如下:

```
#include<conio.h>
#include<stdio.h>
#include<math.h>
double fun(int m)
{


}
main()
{
     clrscr();
```

```
        printf("%f\n",fun(20));
        NONO();
    }
    NONO()                    /*本函数用于打开文件，输入数据，调用函数，输出数据，关闭文件。*/
    {
        FILE *fp,*wf;
        int i,n;
        double s;
        fp=fopen("bc09.in","r");
        if(fp==NULL){
           printf("数据文件 bc09.in 不存在!");
           return;
        }
        wf=fopen("bc09.out","w");
        for(i=0;i<10;i++)
        {
            fscanf(fp,"%d",&n);
            s=fun(n);
            fprintf(wf,"%f\n",s);
        }
        fclose(fp);
        fclose(wf);
    }
```

模拟试题 3 参考答案

(一) 选择题

1. C　2. A　3. B　4. B　5. C　6. A　7. A　8. D　9. D　10. D
11. A　12. B　13. A　14. C　15. C　16. D　17. C　18. A　19. A　20. D
21. A　22. D　23. B　24. D　25. C　26. B　27. D　28. A　29. B　30. D
31. C　32. A　33. D　34. C　35. A　36. B　37. B　38. C　39. D　40. C

(二) 程序填空题

第 1 处：由于外循环变量使用 p 指针，内循环变量使用 q 指针，根据题意分析应填写"p.next"。

第 2 处：判断内循环 q 指针是否结束，所以应填"q"。

第 3 处：外循环控制变量 p 指向自己的 next 指针，所以应填"p.next"。

(三) 程序改错题

① 丢失了函数的起始括号。应将"int j,c=0;float xa=0.0;"改为"{int j,c=0;float xa=0.0;"。

② 将"if(x[j]=>xa)"改为"if(x[j]>=xa)"。

(四) 程序设计题

在 fun()函数的花括号中填入以下语句：

```
double s=0.0;
int i;
for(i=0;i<=m;i++)
    s=s+log(1.0*i);
s=sqrt(s);
return s;
```

模拟试题 4

(一) 选择题(每题 1 分，共 40 分)

下列各题 A、B、C、D 四个选项中，只有一个选项是正确的。

1. 在计算机中，一个字节所包含二进制位的个数是(　　)。

　　A. 2　　　　　　　B. 4　　　　　　　C. 8　　　　　　　D. 16

2. 在多媒体计算机中，CD-ROM 属于(　　)。

　　A. 存储媒体　　　　　　　B. 传输媒体

　　C. 表现媒体　　　　　　　D. 表示媒体

3. 软件(程序)调试的任务是(　　)。

　　A. 诊断和改正程序中的错误

　　B. 尽可能多地发现程序中的错误

　　C. 发现并改正程序中的所有错误

　　D. 确定程序中错误的性质

4. 十六进制数 100 转换为十进制数为(　　)。

　　A. 256　　　　　　B. 512　　　　　　C. 1024　　　　　　D. 64

5. 能将高级语言编写的源程序转换为目标程序的软件是(　　)。

　　A. 汇编程序　　　　B. 编辑程序　　　　C. 解释程序　　　　D. 编译程序

6. 在 Internet 中，用于在计算机之间传输文件的协议是(　　)。

　　A. TELNET　　　　B. BBS　　　　　　C. FTP　　　　　　D. WWW

7. 在 Windows 环境下,资源管理器左窗口中的某文件夹左边标有"+"标记表示(　　)。

　　A. 该文件夹为空　　　　　　　　　B. 该文件夹中含有子文件夹

　　C. 该文件夹中只包含有可执行文件　　D. 该文件夹中包含系统文件

8. 在 Windows 环境下，下列叙述中正确的是(　　)。

　　A. 在"开始"菜单中可以增加项目，也可以删除项目

B. 在"开始"菜单中不能增加项目，也不能删除项目

C. 在"开始"菜单中可以增加项目，但不能删除项目

D. 在"开始"菜单中不能增加项目，但可以删除项目

9. 若有定义"int(*pt)[3];"，则下列说法正确的是( )。

A. 定义了类型为 int 的三个指针变量

B. 定义了类型为 int 的具有三个元素的指针数组 pt。

C. 定义了一个名为*pt 且具有三个元素的整型数组

D. 定义了一个名为 pt 的指针变量，它可以指向每行有三个整数元素的二维数组

10. 下列叙述中正确的是( )。

A. 计算机病毒只感染可执行文件

B. 计算机病毒只感染文本文件

C. 计算机病毒只能通过软件复制的方式进行传播

D. 计算机病毒可以通过读写磁盘或网络等方式进行传播

11. 以下叙述中正确的是( )。

A. C 程序中注释部分可以出现在程序中任意合适的地方

B. 花括号"{"和"}"只能作为函数体的定界符

C. 构成 C 程序的基本单位是函数，所有函数名都可以由用户命名

D. 分号是 C 语句之间的分隔符，不是语句的一部分

12. 以下选项中可作为 C 语言合法整数的是( )。

A. 10110B   B. 0386   C. 0Xffa   D. x2a2

13. 以下不能定义为用户标识符的是( )。

A. scanf   B. Void   C. _3com_   D. int

14. 有定义语句"int x,y;"，若变量 x 得到数值为 11，变量 y 得到数值为 12，下面四组输入要通过"scanf("%d,%d",&x,&y);"语句使变量 x 得到数，其中错误的是( )。

A. 11   12<回车>   B. 11,<tab>12<回车>

C. 11,12<回车>   D. 11,<回车>   12<回车>

15. 设有如下程序段：

```
int x=2002,y=2003;
printf("%d\n",(x,y));
```

则以下叙述中正确的是( )。

A. 输出语句中格式说明符的个数少于输出项的个数，不能正确输出

B. 运行时产生出错信息

C. 输出值为 2002

D. 输出值为 2003

16. 设变量 x 为 float 型且已赋值，并将第三位四舍五入，则以下语句中能将 x 中的数值保留到小数点后两位的是( )。

A. x=x*100+0.5/100.0;   B. x=(x*100+0.5)/100.0;

C. x=(int)(x*100+0.5)/100.0;   D. x=(x/100+0.5)*100.0;

17. 有定义语句"int a=1,b=2,c=3,x;",则以下选项中各程序段执行后,x 的值不为 3 的是( )。

    A. if(c==3) x=3;
         else if(b<2) x=2;
         else x=1;

    B. if(a<3) x=3;
         else if(a<2) x=2;
         else x=1;

    C. if(a>3) x=3;
         else if(b>2) x=2;
         else x=1;

    D. if(a!=b) x=3;
         else if(b<a) x=2;
         else x=1;

18. 以下程序中,若要使程序的输出值为 2,则应该从键盘给 n 输入的值是( )。

```
main()
{
    int s=0,a=1,n;
    scanf("%d",&n);
    do
    {
        s+=1;a=a-2;
    }
    while(a!=n);
    printf("%d\n",s);
}
```

    A. −1   B. −3   C. −5   D. 0

19. 若有如下程序段,其中 s、a、b、c 均已定义为整型变量,且 a、c 均已赋值(c 大于 0),则与程序段功能等价的赋值语句是( )。

```
s=a;
for(b=1;b<=c;b++) s=s+1;
```

    A. s=a+b;   B. s=a+c;   C. s=s+c;   D. s=b+c;

20. 以下程序运行后的输出结果是( )。

```
main()
{
    int k=4,n=0;
    for(;n<k;)
    {
        n++;
        if(n%3!=0) continue;
        k--;
    }
    printf("%d,%d\n",k,n);
}
```

    A. 1,1   B. 2,2   C. 3,3   D. 4,4

21. 以下程序的功能是计算 s = 1 + 1/2 + 1/3 + … + 1/10，但程序运行后输出结果错误，导致错误结果的程序行是(　　)。

```
main()
{
    int n;
    float s;
    s=1.0;
    for(n=10;n>1;n--)
        s=s+1/n;
    printf("%6.4f\n",s);
}
```

　　A. s=1.0;　　　　　　　　　　　　B. for(n=10;n>1;n--)
　　C. s=s+1/n;　　　　　　　　　　　D. printf("%6.4f\n",s);

22. 有函数定义"void fun(int n,double x){…}"，若以下选项中的变量都已正确定义并赋值，则对函数 fun()的正确调用语句是(　　)。

　　A. fun(int y,double m);　　　　　　B. k=fun(10,12.5);
　　C. fun(x,n);　　　　　　　　　　　D. void fun(n,x);

23. 以下程序运行后的输出结果是(　　)。

```
void fun(char *a,char *b)
{a=b;(*a)++;}
main()
{
    char c1='A',c2='a',*p1,*p2;
    p1=&c1;p2=&c2;fun(p1,p2);
    printf("%c%c\n",c1,c2);
}
```

　　A. Ab　　　　　　B. aa　　　　　　C. Aa　　　　　　D. Bb

24. 以下程序运行后的输出结果是(　　)。

```
#include <stdio.h>
main()
{
    printf("%d\n",NULL);
}
```

　　A. 0　　　　　　B. 1　　　　　　C. -1　　　　　　D. NULL 没定义，出错

25. 若已定义 c 为字符型变量，则下列语句中正确的是(　　)。

　　A. c='97';　　　B. c="97";　　　C. c=97;　　　　D. c="a";

26. 以下不能正确定义二维数组的选项是(　　)。

　　A. int a[2][2]={{1},{2}};　　　　　B. int a[][2]={1,2,3,4};
　　C. int a[2][2]={{1},2,3};　　　　　D. int a[2][]={{1,2},{3,4}};

27. 以下能正确定义一维数组的选项是(   )。

    A. int num[];   B. #define N 100

       int num[N];

    C. int num[0…100];   D. int n=100;

       int num[N];

28. 下列选项中正确的语句组是(   )。

    A. char s[8];s={"Beijing"};   B. char *s;s={"Beijing"};

    C. char s[8];s="Beijing";   D. char *s;s="Beijing";

29. 已定义以下函数：

```
fun(int *p)
{return *p;}
```

该函数的返回值是(   )。

    A. 不确定的值   B. 形参 p 中存放的值

    C. 形参 p 所指存储单元中的值   D. 形参 p 的地址值

30. 下列函数定义中，会出现编译错误的是(   )。

    A. max(int x,int y,int *z)   B. int max(int x,y)

       {*z=x>y?x:y;}   {   int z;z=x>y?x:y;

          return z;

       }

    C. max(int x,int y)   D. int max(int x,int y)

       {int z;{return(x>y?x:y);}   {z=x>y?x:y;return(z);}

31. 以下程序运行后的输出结果是(   )。

```
#include <stdio.h>
#define F(X,Y) (X)*(Y)
main()
{
    int a=3,b=4;
    printf("%d\n",F(a++,b++));
}
```

    A. 12   B. 15   C. 16   D. 20

32. 以下程序运行后的输出结果是(   )。

```
fun(int a,int b)
{
    if(a>b)   return(a);
    else    return(b);
}
main()
{
    int x=3,y=8,z=6,r;
```

```
        r=fun(fun(x,y),2*z);
        printf("%d\n",r);
    }
```

A. 3　　　　　　　　　B. 6　　　　　　　　　C. 8　　　　　　　　　D. 12

33. 若有定义"int *p[3];"，则以下叙述中正确的是(　　　)。

A. 定义了一个类型为 int 的指针变量 p，该变量具有三个指针

B. 定义了一个指针数组 p，该数组含有三个元素，每个元素都是类型为 int 的指针

C. 定义了一个名为*p 的整型数组，该数组含有三个 int 类型元素

D. 定义了一个可指向一维数组的指针变量 p，所指一维数组应具有三个 int 类型元素

34. 以下程序中函数 scmp()的功能是返回形参指针 s1 和 s2 所指字符串中较小字符串的首地址(　　　)。若运行时依次输入:abcd✓、abba✓和 abc✓三个字符串,则输出结果为(　　　)。

```
#include <stdio.h>
#include <string.h>
char *scmp(char *s1,char *s2)
{
        if(strcmp(s1,s2)<0)
            return(s1);
        else
            return(s2);
}
main()
{
        int i;char string[20],str[3][20];
        for(i=0;i<3;i++)
            gets(str[i]);
        strcpy(string,scmp(str[0],str[1]));                /*库函数 strcpy()对字符串进行复制*/
        strcpy(string,scmp(string,str[2]));
        printf("%s\n",string);
}
```

A. abcd　　　　　　　B. abba　　　　　　　C. abc　　　　　　　D. abca

35. 以下程序运行后的输出结果是(　　　)。

```
struct s
{
    int x,y;
}data[2]={10,100,20,200};
main()
{
    struct s *p=data;
    printf("%d\n",++(p->x));
```

```
        }
```

    A. 10　　　　　　　　B. 11　　　　　　　C. 20　　　　　　　D. 21

36. 以下程序段在执行了"c=&b;b=&a;"语句后，表达式**c 的值是(　　)。

```
        main()
        {
            int a=5,*b,**c;
            c=&b;b=&a;
              ⋮
        }
```

    A. 变量 a 的地址　　　　　　　　　　B. 变量 b 中的值
    C. 变量 a 中的值　　　　　　　　　　D. 变量 b 的地址

37. 以下程序运行后的输出结果是(　　)。

```
        #include <stdio.h>
        #include <string.h>
        main()
        {
            char str[][20]={"Hello","Beijing"},*p=str;
            printf("%d\n",strlen(p+20));
        }
```

    A. 0　　　　　　　　B. 5　　　　　　　C. 7　　　　　　　D. 20

38. 已定义以下函数：

```
        fun(char *p2,char *p1)
        {
            while((*p2=*p1)!='\0')
            {
                p1++;   p2++;
            }
        }
```

该函数的功能是(　　)。

    A. 将 p1 所指字符串复制到 p2 所指内存空间
    B. 将 p1 所指字符串的地址赋给指针 p2
    C. 对 p1 和 p2 两个指针所指字符串进行比较
    D. 检查 p1 和 p2 两个指针所指字符串中是否有'\0'

39. 若 fp 已正确定义并指向某个文件，当未遇到该文件结束标志时函数 feof(fp)的值为(　　)。

    A. 0　　　　　　　　B. 1　　　　　　　C. −1　　　　　　　D. 一个非 0 值

40. 以下程序运行后的输出结果是(　　)。

```
        main()
        {
```

```
int a[3][3],*p,i;
p=&a[0][0];
for(i=0;i<9;i++)
    p[i]=i+1;
printf("%d\n",a[1][2]);
}
```

A. 3　　　　　　　　B. 6　　　　　　　C. 9　　　　　　　D. 2

(二) 程序填空题(18 分)

函数 fun() 的功能是进行数字字符转换。若形参 ch 中是数字字符 '0'～'9'，则 '0' 转换成 '9'，'1' 转换成 '8'，'2' 转换成 '7'，…，'9' 转换成 '0'；若是其他字符则保持不变，并将转换后的结果作为函数值返回。

请在程序的下画线处填入正确的内容并把下画线删除，使程序输出正确的结果。

注意：源程序存放在考生文件夹下的 BLANK1.c 文件中，不得增行或删行，也不得更改程序的结构!

给定源程序如下：

```
#include<stdio.h>
/*******found*******/
___1___  fun(char ch)
{
    /*******found*******/
    if (ch>='0' &&   __2__ )
    /*******found*******/
        return '9'-(ch-__3__ );
    return ch;
}
main()
{
    char c1,c2;
    printf("\nThe result :\n");
    c1='2';c2=fun(c1);
    printf("c1=%c c2=%c\n",c1,c2);
    c1='8';c2=fun(c1);
    printf("c1=%c c2=%c\n",c1,c2);
    c1='a';c2=fun(c1);
    printf("c1=%c c2=%c\n",c1,c2);
}
```

(三) 程序改错题(18 分)

给定程序 MODI01.c 中，函数 fun() 的功能是在字符串 str 中找出 ASCII 码值最大的字符，并将其放在第一个位置上，且该字符前的原字符向后顺序移动。例如，调用 fun()函数之前给定字符串为 ABCDeFGH，调用 fun()函数后字符串中的内容为 eABCDFGH。

请改正函数 fun()中的错误，使程序能输出正确的结果。

注意：不要改动 main()函数，不得增行或删行，也不得更改程序的结构。

给定源程序如下：

```
#include<stdio.h>
fun(char *p)
{
    char max,*q;int i=0;
    max=p[i];
    while(p[i]!=0)
    {
        if(max<p[i])
        {   max=p[i];
            /*******found*******/
            p=q+i;
        }
        i++;
    }
    /*******found*******/
    while(q<p)
    {*q=*(q-1);
        q--;
    }
    p[0]=max;
}
main()
{
    char str[80];
    printf("Enter a strimg: ");gets(str);
    printf("\nThe original string:");puts(str);
    fun(str);
    printf("\nThe string after moving:");puts(str);printf("\n\n");
}
```

(四) 程序设计题(24 分)

程序定义了 $N \times N$ 的二维数组，并在主函数中自动赋值。编写函数 fun(int a[][N])，该函数的功能是使数组右上半角元素中的值全部为 0。例如，a 数组中的值为 $a = \begin{bmatrix} 1 & 9 & 7 \\ 2 & 3 & 8 \\ 4 & 5 & 6 \end{bmatrix}$，

则返回主程序后 a 数组中的值应为 $a = \begin{bmatrix} 0 & 0 & 0 \\ 2 & 0 & 0 \\ 4 & 5 & 0 \end{bmatrix}$。

注意：部分源程序存在 PROG1.c 文件中。

请勿改动主函数 main() 和其他函数中的任何内容，仅在函数 fun() 的花括号中填入你编写的若干语句。

给定源程序如下：

```c
#include<conio.h>
#include<stdio.h>
#include<stdlib.h>
#define N 5
int fun(int a[][N])
{



}
main()
{
    int a[N][N],i,j;
    clrscr();
    printf("********The array*********\n");
for(i=0;i<N;i++)
{
    for(j=0;j<N;j++)
    {
        a[i][j]=rand()%20;
        printf("%4d",a[i][j]);
    }
    printf("\n");
}
fun(a);
printf("The result\n");
for(i=0;i<n;i++)
{
    for(j=0;j<N;j++)
        printf("%4d",a[i][j]);
    printf("\n");
}
```

```
        NONO();
    }
    NONO()          {/*本函数用于打开文件，输入数据，调用函数，输出数据，关闭文件。*/
        FILE *fp,*wf;
        int i,n;
        double s;
        fp=fopen("bc09.in","r");
        if(fp==NULL)
        {
            printf("数据文件 bc09.in 不存在!");
            return;
        }
        wf=fopen("bc09.out","w");
        for(i=0;i<10;i++)
        {
            fscanf(fp,"%d",&n);
            s=fun(n);
            fprintf(wf,"%f\n",s);
        }
        fclose(fp);
        fclose(wf);
    }
```

模拟试题 4 参考答案

(一) 选择题

1. C	2. A	3. A	4. A	5. D	6. C	7. B	8. A	9. D	10. D
11. A	12. C	13. D	14. A	15. D	16. C	17. C	18. B	19. B	20. C
21. C	22. C	23. A	24. A	25. C	26. D	27. B	28. D	29. C	30. B
31. A	32. D	33. B	34. B	35. B	36. C	37. C	38. A	39. A	40. B

(二) 程序填空题

第 1 处：要求返回处理好的字符，所以应填 "char"。

第 2 处：判断该字符是否为数字，所以应填 "ch<='9'"。

第 3 处：只要减去字符 '0' 的 ASCII 值即可得到要求的结果，所以应填 "'0'"。

(三) 程序改错题

① 将 "p=q+i;" 改为 "q=p+i;"。

② 将"while(q<p)"改为"while(p<q)"。

(四) 程序设计题

在 fun()函数的花括号中填入以下语句:

```
int i,j;
for(i=0;i<N;i++)
    for(j=N-1;j>=i;j--)
        a[i][j]=0;
```

附录 2　Visual C++常见编译错误

用 Visual C++编译 C 语言程序时，常见的编译错误如下：

(1) Fatal error C1004: unexpected end of file found

致命错误 C1004：非预期的文件结束。一般在 main()函数中，缺少与"{"配对的"}"时会出现此错误。

(2) Fatal error C1083: Cannot open include file: 'XXX.h': No such file or directory

致命错误 C1083：不能打开包含文件"XXX.h"，不存在此文件或目录。

(3) error C2065: 'XXX' : undeclared identifier

错误 C2065："XXX"是未定义(或未声明)的标识符。

(4) error C2018: unknown character '0xa3'

错误 C2018：不认识的字符'0xa3'。一般是汉字或中文标点符号。

(5) error C2051: case expression not constant

错误 C2051：case 表达式不是常量。

(6) error C2109: subscript requires array or pointer type

错误 C2109：数组或指针类型才能使用下标。

(7) error C2133: 'XXX' : unknown size

错误 C2133："XXX"的大小未知。

(8) error C2143: syntax error : missing ';' before 'type'

错误 C2143：语法错误，"type"前丢失分号。

(9) error C2146: syntax error : missing ';' before identifier 'XXX'

错误 C2146：语法错误，标识符"XXX"前面丢失了分号。

(10) error C2181: illegal else without matching if

错误 C2181：没有与 if 匹配的非法 else。

(11) error C2196: case value 'XXX' already used

错误 C2196：case 值"XXX"已经使用。一般在 switch 语句的 case 分支中重复使用 case 后的常量时会出现此错误。

(12) error C2198: 'XXX': too few actual parameters

错误 C2198："XXX"函数调用时，实际参数太少。

(13) error C2296: '%': illegal,left operand has type 'float '

错误 C2296："%"的左操作数的类型是"float"，不合规范。

(14) error C2297: '%' : illegal,right operand has type 'float '

错误 C2297："%"的右操作数的类型是"float"，不合规范。

(15) error C2373: 'XXX': redefinition;different type modifiers

错误C2373："XXX"重定义，不同类型的修饰符。若函数调用时，函数没有事先声明，造成先使用后定义的情况时会出现此错误。

(16) error C2466: cannot allocate an array of constant size 0

错误C2466：不能为长度为0的数组分配空间。

17) error C2660: 'XXX' : function does not take 3 parameters

(错误C2660："XXX"函数不能带3个实际参数(提示的个数就是所给的实际参数个数)。

(18) warning C4005: 'XXX' : macro redefinition

警告C4005：宏"XXX"重定义。

(19) warning C4013: 'XXX'　undefined;assuming extern returning int

警告C4013："XXX"没有定义，有可能是外部变量(或函数)没有定义或没有声明。

(20) warning C4020: 'XXX' : too many actual parameters

警告C4020："XXX"函数调用时，实际参数太多。

(21) warning C4047: '=' : 'char ' differs in levels of indirection from 'char[2]'

警告C4047：字符数组类型"char[2]"与字符类型"char"是不同的。一般在赋值号两边，想将"char[2]"类型数据自动转换成"char"类型数据时会出现此警告信息。

(22) warning C4087: 'XXX': declared with 'void' parameter list

警告C4087："XXX"声明的参数列表为"void"。若函数形参声明为"void"，而实参有1个或多个时，会出现此警告信息。

(23) warning C4101: 'XXX' : unreferenced local variable

警告C4101："XXX"是未引用的局部变量。

(24) warning C4133: 'initializing' : incompatible types - from 'float *' to 'int *'

警告C4133：初始化时，试图将"float *"类型转变为"int *"类型，类型不一致。

(25) warning C4244: '=': conversion from 'double ' to 'float ',possible loss of data

警告C4244：赋值"double"数据转换成"float"数据时，可能会丢失数据。

(26) warning C4305: '=': truncation from 'const double ' to 'float '

警告C4305：赋值"const double"数据给"float"变量时，可能会丢失数据。

(27) warning C4508: 'XXX' : function should return a value;'void' return type assumed

警告C4508：函数"XXX"应该返回一个值，或许返回类型是void。

(28) warning C4700: local variable 'XXX' used without having been initialized

警告C4700：局部变量"XXX"没有初始化就使用。

(29) error LNK2001: unresolved external symbol _XXX

链接错误LNK2001：链接时发现没有实现的外部符号XXX，有可能是外部变量或函数没有定义。

(30) LINK: fatal error LNK1168: cannot open Debug/sy1_1.exe for writing

致命链接错误LNK1168：不能打开sy1_1.exe文件进行写操作。一般是因为sy1_1.exe还在运行。

注意：前面出现的"XXX"代表一个合法的标识符名称(如变量或函数名称)。

附录3 Visual C++常见错误示例

　　初学 C 语言的人经常会出一些连自己都不知道错在哪里的错误。看着有错的程序不知该从何改起。下面列举了一些在 Visual C++中调试 C 源程序时常见的错误，供初学者参考。

　　程序错误有三种：一是语法错误，二是逻辑设计错误，三是运行错误。下面就按照这三种情况分别举例加以说明。

1. 语法错误

　　语法错误是指违背了 C 语言语法规定的错误。对于这类错误，编译程序一般能给出"出错信息"并且指出哪一行出错。此类错误较易排除。

　　[错误示例 1]　忘记变量的定义。

　　示例如下：

```c
#include<stdio.h>
int main(void)
{
    a=10;
    printf("%d",a);
    return 0;
}
```

　　调试出错信息为

　　D:\lt\lt.c(4) : error C2065: 'a' : undeclared identifier

　　出错原因分析：变量 a 事先没有定义。

　　提示信息中，文件名 lt.c 后面括号中的数字 4 是提示错误所在行的行号为 4。后面的其他示例末列出行号，请读者注意。

　　[错误示例 2]　忽略了变量的类型，进行了不合法的运算。

　　示例如下：

```c
#include<stdio.h>
int main(void)
{
    float a,b;
    printf("%d",a%b);
    return 0;
}
```

调试出错信息为

error C2296: '%' : illegal,left operand has type 'float '

error C2297: '%' : illegal,right operand has type 'float '

出错原因分析：%是取余运算，得到 a/b 的整余数。整型变量 a 和 b 可以进行取余运算，而实型变量则不允许进行取余运算。

[错误示例 3]　书写标识符时，忽略了英文大小写字母的区别。

示例如下：

```
#include<stdio.h>
int main(void)
{
    int a=88;
    printf("%d",A);
    return 0;
}
```

调试出错信息为

error C2065: 'A' : undeclared identifier

出错原因分析：编译程序把 a 和 A 认为是两个不同的变量名，而显示出错信息。C 语言认为英文大写字母和英文小写字母是两个不同的字符。习惯上，符号常量名用大写，变量名用小写表示，以增加可读性。

[错误示例 4]　忘记加分号。

示例如下：

```
#include<stdio.h>
int main(void)
{
    int a,b;
    a=8
    b=100;
    return 0;
}
```

调试出错信息为

error C2146: syntax error : missing ';' before identifier 'b'

出错原因分析：分号是 C 语句中不可缺少的一部分，语句末尾必须有分号。编译时，编译程序在"a=8"后面没发现分号，就把下一行"b=100"也作为上一行语句的一部分，这就导致出现语法错误。改错时，有时在被指出有错的一行中未发现错误，则需要看上一行是否漏掉了分号。例如，在本例中，指示错误的光标停在 b=100 处，但却是前一语句"a=8"后面少了分号。

[错误示例 5]　输入变量时忘记加取地址运算符"&"。

示例如下：

```
#include<stdio.h>
```

```
int main(void)
{
    int a;
    scanf("%d",a);
    return 0;
}
```

调试出错信息为

warning C4700: local variable 'a' used without having been initialized

出错原因分析：scanf()函数的作用是按照 a、b 在内存中的地址将 a、b 的值存进去的。"&a" 指取 a 在内存中的地址。在本例中，a 前没有取地址运算符 "&" 是错误的。

[错误示例 6]   定义数组时误用变量。

示例如下：

```
#include<stdio.h>
int main(void)
{
    int n=10;
    int a[n];
    return 0;
}
```

调试出错信息为

error C2057: expected constant expression

error C2466: cannot allocate an array of constant size 0

error C2133: 'a' : unknown size

出错原因分析：数组名后用方括号括起来的是常量表达式，可以包括常量和符号常量，即 C 语言不允许对数组的大小进行动态定义。而本例中，定义数组 a 时，方括号中的 n 是变量。

[错误示例 7]   将字符常量与字符串常量混淆。

示例如下：

```
#include<stdio.h>
int main(void)
{
    char ch;
    ch="a";
    return 0;
}
```

调试出错信息为

warning C4047: '=' : 'char ' differs in levels of indirection from 'char [2]'

出错原因分析：字符常量是由一对单引号括起来的单个字符，字符串常量是一对双引号括起来的字符序列。C 语言规定以 '\0' 作为字符串结束标志，它是由系统自动加上的，所以字符串"a"实际上包含两个字符：'a'和'\0'，而把它赋给一个字符变量是不行的。

2. 逻辑设计错误

逻辑设计错误是指程序并没有违背 C 语言的语法规则，但程序执行结果与程序员的原意不符。这主要是因为程序员的算法有错误或编辑源程序时有误。由于这种错误没有违背语法规则，且调试时又没有出错信息提示，因此较难排除。

[错误示例 8]　忽略了"="与"=="的区别。

以下程序实现，若 a 与 b 相等，则显示 ok。

```
#include<stdio.h>
int main(void)
{
    int a=2,b=1;
    if(a=b)
    printf("ok!");
    else
    printf("wrong!");
    return 0;
}
```

本程序有错，但编译调试时无错!

出错原因分析：C 语言中，"="是赋值运算符，"=="是关系运算符。本题的原意是对 a、b 的值进行判断，条件语句是"a 与 b 相等"，应该写成 a==b，而不是 a=b。如果写成 a=b,则结果是显示 ok!，而依题意 a==b 的结果为假，因此正确的结果是显示 wrong!

本例程序在编译时，编译结果是 success!即调试通过，错误逃出了编译器的"法眼"，但这类错误对于程序员来说是绝不允许存在的，因为它太隐蔽了。程序较短还容易查出，程序一长，要找出这种错误可就难了，所以编程时要特别仔细!

[错误示例 9]　多加分号。

示例如下：

```
#include<stdio.h>
int main(void)
{
    int i,x;
    for(i=0;i<5;i++);
    {
        scanf("%d",&x);
        printf("%d",x);
    }
    return 0;
}
```

本程序有错，但编译调试时无错。

出错原因分析：本程序的原意是先后输入 5 个数，每输入一个数后再将它输出。由于 for()后多加了一个分号，使循环体变为空语句，此时只能输入一个数并输出它。

3. 运行错误

运行错误是指程序既无语法错误，也无逻辑设计错误，但在运行时出现错误甚至停止运行。

[错误示例 10] 除数为零。

示例如下：

```
#include<stdio.h>
int main(void)
{
    int a,b,c;
    scanf("%d%d",&a,&b);
    c=a/b;
    printf("c=%d\n",c);
    return 0;
}
```

对于本程序，当输入的 b 等于 0 时，程序会出错并异常终止程序的执行。

出错原因分析：该程序不具备"健壮性"，也就是说，它不能经受各种数据的"考验"。本程序在运行时，对于其他数据都不会出错，但当输入的 b 等于 0 时就会出错，因为除法运算时，除数不能为 0。本程序稍作修改即可，如下所示：

```
#include<stdio.h>
int main(void)
{
    int a,b,c;
    scanf("%d%d",&a,&b);
    if(b==0)
        printf("输入错误:除数不能为 0!");
    else.
    {
        c=a/b;
        printf("c=%d\n",c);
    }
    return 0;
}
```

参 考 文 献

[1] 蒋清明，向德生，周新莲． C 语言程序设计教程[M]. 徐州：中国矿业大学出版社，2017.

[2] 蒋清明，向德生，周新莲. C 语言程序设计实践教程[M]. 徐州：中国矿业大学出版社，2017.

[3] 谭浩强. C 程序程序设计[M]. 5 版. 北京：清华大学出版社，2024.

[4] KERNIGHAN B W , RITCHIE D M . The C Programming Language[M]. 2nd ed. 北京：机械工业出版社, 2007

[5] 周彩英. C 语言程序设计教程学习指导[M]. 2 版. 北京：清华大学出版社，2015.

[6] 海燕. C 语言程序设计：含习题与实验指导[M]. 2 版. 北京：科学出版社，2020

[7] 颜晖，张泳，张高燕，等. C 语言程序设计实验与习题指导[M]. 4 版. 北京：高等教育出版社，2020.

[8] 郭有强，马金金，朱洪浩，等. C 语言程序设计教程实验指导与课程设计[M]. 2 版. 北京：清华大学出版社，2021.